Fashion

徐子淇 主编

普通高等教育"十一五"规划教材

服装构成基础

U0331079

化学工业出版社

·北京·

本书是在平面构成、色彩构成、立体构成的理论基础上，紧密围绕服装设计有关知识，图文并茂、理论结合实践地阐述了平面构成的要素、平面构成的骨格、色彩的基本知识、色彩的对比与调和、服装配色的方法、色彩的构思与表现、立体构成的造型基础、立体构成的形式与方法、立体构成要素在服装设计中的综合应用九章内容。

本书是一本介绍服装构成相关基础知识较全面的教材，适用于本科、高职高专等服装院校以及服装职业技术培训学校的学生使用，同时，对于服装设计专业人员和广大的服装设计爱好者的学习和研究也有一定的参考价值。

图书在版编目（CIP）数据

服装构成基础/徐子淇主编. —北京：化学工业出版社，2010.8（2021.2 重印）
普通高等教育"十一五"规划教材
ISBN 978-7-122-08698-3

I. 服… II. 徐… III. 服装-基础理论-高等学校：技术学院-教材 IV. TS941.1

中国版本图书馆 CIP 数据核字（2010）第 096189 号

责任编辑：蔡洪伟　陈有华　　　　　　　　　装帧设计：尹琳琳
责任校对：王素芹

出版发行：化学工业出版社（北京市东城区青年湖南街 13 号　邮政编码 100011）
印　　装：北京缤索印刷有限公司
787mm×1092mm　1/16　印张 11½　字数 265 千字　2021 年 2 月北京第 1 版第 6 次印刷

购书咨询：010-64518888　　　　　　　　　售后服务：010-64518899
网　　址：http://www.cip.com.cn
凡购买本书，如有缺损质量问题，本社销售中心负责调换。

定　价：42.80 元

服装构成基础
编写人员名单

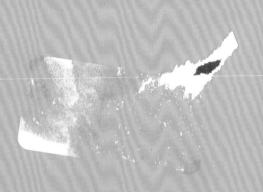

主　　编　徐子淇

副 主 编　丁　玮　王冬梅　王晓林　郭文君

编写人员　（排名不分先后）

徐子淇　丁　玮　王冬梅　王晓林

郭文君　刘楠楠　郑　辉　栾海龙

巴　妍　杨绍桦　王　丽　赵　霞

前言

　　伴随着国民经济的快速增长和大众生活水平的不断提高，人们对服装的要求向着舒适、美观及高品质的方向发展。这就要求服装设计师要全方位地了解服装设计的有关理论知识，掌握实践技能，而服装构成则是学习和掌握服装设计理论与实践的基础。

　　本书是在平面构成、色彩构成、立体构成的理论基础上，紧密围绕服装设计的有关知识，图文并茂、理论结合实践地阐述了平面构成的要素、平面构成的骨格、色彩的基本知识、色彩的对比与调和、服装配色的方法、色彩的构成与表现、立体构成的造型基础、立体构成的形式与方法、立体构成要素在服装设计中的综合应用九章内容。其中，第一章和第二章由丁玮、郑辉、徐子淇编写；第三章由王丽、王冬梅编写；第四章由杨绍桦、徐子淇编写；第五章由王冬梅、徐子淇编写；第六章由栾海龙、赵霞、徐子淇编写；第七章由刘楠楠、王晓林、郭文君、巴妍编写；第八章由郭文君、刘楠楠、王晓林编写；第九章由王晓林编写。全书由徐子淇负责组织、规划与设计，并对所有章节进行统稿、校稿，并作整体润色及最后定稿。

　　本书是一本介绍服装构成相关基础知识较全面的教材，适用于高等本科、高职高专等服装院校以及服装职业技术培训学校的学生使用。同时，对于服装设计专业

人员和广大的服装设计爱好者的学习和研究也有一定的参考价值。

　　当然，对于一个服装设计师来说，仅仅从书本上学习是远远不够的，更重要的是多多地进行实践研究，在实践中不断地总结经验。再将这些经验应用到实践中，结合流行时尚，设计出具有一定市场价值与审美价值的服装。

编者
2010年6月

CONTENTS

目录

001~050　第 一 篇　平面构成

002

第一章　平面构成的要素

第一节　造型基本要素——点 002
一、点的概念 002
二、点的形态描述 002
三、点的性质与作用 002
四、点在服装设计中的应用案例 005
第二节　造型基本要素——线 008
一、线的概念 008
二、线的形态描述 008
三、线的性质与作用 008
四、线在服装设计中的应用案例 012
第三节　造型基本要素——面 016
一、面的概念 016
二、面的形态描述 016
三、面的性质与作用 016
四、面在服装设计中的应用案例 018
第四节　平面空间 022
一、平面空间的概念 022
二、平面空间表达方法 022
三、平面空间的特性 023
四、服装设计中的空间感 023
小结 025
思考与练习 025

CONTENTS

026

第二章　平面构成的骨格

第一节　骨格的组织结构 026
　　一、骨格的定义 026
　　二、骨格的作用 026
　　三、骨格的分类 026
第二节　骨格的种类 028
　　一、重复 028
　　二、近似 032
　　三、渐变 033
　　四、放射 036
　　五、变异 037
第三节　比例与分割 039
　　一、等形切分 039
　　二、等量切分 040
　　三、比例关系切分 040
第四节　对比 042
　　一、形的对比 042
　　二、骨格的对比 043
　　三、无骨格的对比 044
第五节　肌理 045
　　一、视觉肌理 045
　　二、触觉肌理 048
小结 049
思考与练习 050

CONTENTS

目录

051 ~ 114 　第二篇　色彩构成

052

第三章　色彩的基本知识

第一节　色彩的基本概念 052

　　一、色彩的科学依据 052

　　二、色彩的分类 054

第二节　色彩的混合 054

　　一、加色混合 054

　　二、减色混合 055

　　三、空间混合 055

第三节　色立体 056

　　一、色彩的三属性 056

　　二、色立体 057

小结 059

思考与练习 059

060

第四章　色彩的对比与调和

第一节　色彩的对比 060

　　一、色彩对比的概念 060

　　二、以对比为主的色彩构成 062

第二节　色彩的调和 068

　　一、色彩调和的概念 068

　　二、色彩调和的原理及方法 068

CONTENTS

三、色彩的面积与色彩的调和 072

小结 072

思考与练习 072

073

第五章　服装配色的方法

第一节　服装配色美的原则 074

　一、配色中的主次 074

　二、配色中的对称与均衡 075

　三、配色中的节奏与韵律 077

　四、配色中的强调 079

　五、配色中的呼应 080

第二节　服装配色的方法 081

　一、无彩色系配色 081

　二、无彩色与有彩色配色 082

　三、以色相对比为主的配色 082

　四、以明度对比为主的配色 085

　五、以纯度对比为主的配色 086

　六、以冷暖对比为主的配色 090

第三节　色彩与你 090

　一、服装色彩与人体 090

　二、服装色彩与年龄 091

　三、服装色彩与服装元素 091

　四、服装色彩设计注意事项 091

小结 091

思考与练习 092

CONTENTS
目录

093

第六章　色彩的构成与表现

第一节　色彩构思的灵感来源　093
　一、自然界色彩的启示　093
　二、民族文化的启示　096
　三、来自姊妹艺术的启示　099
第二节　色彩构思的提炼与应用　105
　一、色彩资料的收集　105
　二、色彩资料的归纳与运用　107
小结　114
思考与练习　114

115 ～ 171　　第三篇　立体构成

116

第七章　立体构成的造型基础

第一节　立体的本质　116
　一、什么是立体　116
　二、立体的三个视图　117
第二节　服装立体构成的造型要素——点元素　117
　一、点的概念　118
　二、点与点的关系　118
　三、点的空间变化　119

CONTENTS

四、点元素在服装中的应用　　120

第三节　服装立体构成的造型要素——线元素　　122

　一、线的概念　　122

　二、线的分类　　123

　三、线材的构成形式及方法　　124

　四、线元素在服装中的应用　　128

第四节　服装立体构成的造型要素——面元素　　131

　一、面的概念　　131

　二、面的分类　　132

　三、面材的形态　　132

　四、面材的构成形式　　135

　五、面元素在服装中的应用　　137

第五节　服装立体构成的造型要素——体元素　　141

　一、体的概念　　141

　二、体的分类　　141

　三、体块的构成形式　　143

　四、体元素在服装中的应用　　144

小结　　147

思考与练习　　147

148

第八章　立体构成的形式与方法

第一节　立体构成的美学原则　　148

　一、对比　　148

　二、统一　　150

　三、韵律　　151

　四、平衡　　153

CONTENTS

目录

第二节　服装立体构成的造型表现　　　　　　　156
　一、整体感　　　　　　　　　　　　　　　156
　二、层次感　　　　　　　　　　　　　　　156
　三、立体感　　　　　　　　　　　　　　　157
　四、肌理感　　　　　　　　　　　　　　　158
小结　　　　　　　　　　　　　　　　　　　160
思考与练习　　　　　　　　　　　　　　　　160

161

第九章　立体构成要素在服装设计中的综合应用

　一、立体构成要素在面料再造中的应用　　　161
　二、立体构成要素在服装立体构成作品中的应用　161
　三、立体构成要素在服装立体裁剪中的应用　163
　四、立体构成要素在配饰设计中的应用　　　165
　五、立体构成要素在品牌服装中的应用　　　166
小结　　　　　　　　　　　　　　　　　　　170
思考与练习　　　　　　　　　　　　　　　　171

参考文献　　　　　　　　　　　　　　　　　172

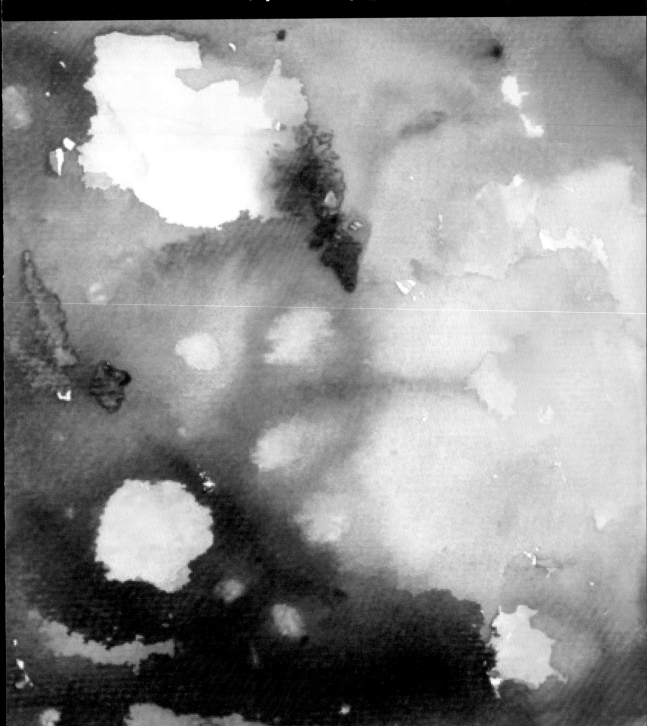

001〜050
第一篇　平面构成

第一章　平面构成的要素

本章要点

● 平面构成三大要素"点"、"线"、"面"的基础知识；
● "点"、"线"、"面"在服装设计实例中的应用。

第一节　造型基本要素——点

一、点的概念

点（Point）是平面构成中相对较小的元素，它与面的概念是相互比较而形成的。在几何学上的点是无面积的，它是线的开端与终结，是两线的相交处，它只代表具体位置。从造型设计上来看，"点"是一切形态的基础（如图1-1-1点是一切形态的基础）。

二、点的形态描述

点有各种各样的形状，分为有规则和非规则两大类别（如图1-1-2规则点设计，如图1-1-3非规则点设计）。点没有上下左右的连接性与方向性，其大小不能超越当作视觉单位"点"的限度，超越这个限度，就失去了点的形态特征，就成为"形"或"面"了。因而点是相对而言的，根据它所处的具体位置的对比关系来决定。例如：同样是一个圆，如果布满整个画面，它就是面；如果在一幅构成中多处出现，就可以理解为点。例如：大海中的一叶小舟，在浩瀚的大海中，小舟便具有"点"的性质；晴空夜晚闪烁着的繁星，尽管星球之大，有的超过地球上百倍，但相对于无尽的宇宙，它却呈现出"点"的性质。

三、点的性质与作用

1. 点的心理特征

从点的作用来看，点是力的中心。当画面中只有一个点时，人们的视线就集中在这个点上，它具有紧张性。因此，点在画面的空间中，具有张力作用。它在人们的心理上，有一种

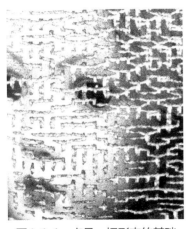

图1-1-1 点是一切形态的基础

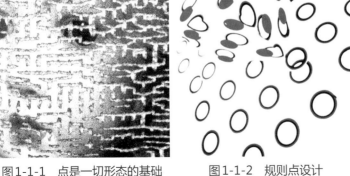

图1-1-2 规则点设计

图1-1-3 非规则点设计

扩张感（如图1-1-4点的张力作用）。

　　当空间中有两个同等大的点，各自占有其位置时，其张力作用就表现在连接此两点的视线。在心理上产生吸引和连接的效果（如图1-1-5两点间的心理连线）。空间中的三点在三个方向平均散开时，其张力就表现为一个三角形（如图1-1-6心理上的三角形）。当空间中有三点以上的排列，我们称之为多点，多点间存在着更加丰富的视觉作用力，通过点的大小变化、排列组合可以表现出复杂的设计语言（如图1-1-7多点产生的灰色空间）。

　　如果画面中的两点为不同大小时，人们的注意力会先集中在优势的一方，然后再向劣势方向转移（图1-1-8点的视觉中心在大点）。点的排列，以等间隔在一条线上，则产生线的效果。（如图1-1-9点的集中呈现虚线效果）这在广告和包装设计中是极为常见的（如图1-1-10）。

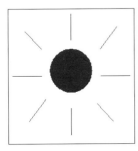

图1-1-4 点的张力作用

图1-1-5 两点间的心理连线

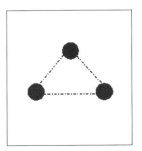

图1-1-6 心理上的三角形

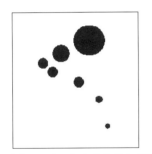

图1-1-7 多点产生的灰色空间

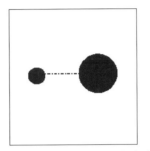

图1-1-8 点的视觉中心在大点

图1-1-9 点的集中呈现虚线效果

图1-1-10　点在广告设计中的应用

2. 点的视错

　　所谓"错觉"，就是感觉与客观事实不相一致的现象。点所处的位置，随着色彩、明度和环境条件等变化，便会产生远近、大小等变化的错觉。一般明亮的暖色会接近眼睛，而且有前进和膨胀的感觉。因此，在黑地上的白点，较同等大在白底上的黑点感觉为大。亮点有扩张感，暗点有收缩感（如图1-1-11）。从色彩角度看，橘黄色的点要比蓝色的点感觉大，道理与上例相同（如图1-1-12）。按照这一设计原理，在设计中可用明亮的色调突出主题部分，同时使用较暗的色彩（或冷色调），表现次要部分。

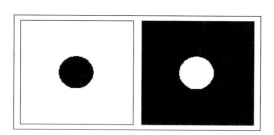

图1-1-11　亮点有扩张感，暗点有收缩感。

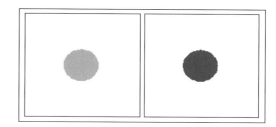

图1-1-12　橘黄色点有扩张感，蓝色点有收缩感。

　　同一大小的点，由于周围点大小的不同，就使中间两点也产生有不同大小的错觉（如图1-1-13、图1-1-14）。两图中间的圆点是等大的，由于图1-1-13周围的点大，产生对比作用，而感觉中间的点小。相反，图1-1-14中间的点则感觉大。在一个两直线的夹角中，同一大小的两个点，由于位置不同，距角尖端的远近不同，便产生靠近角尖之点有大的感觉（如图1-1-15）。

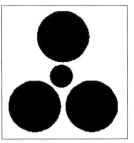
图1-1-13　点的视错

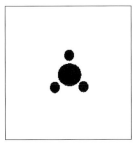
图1-1-14　点的视错

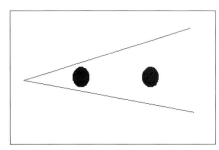
图1-1-15　相同的点与夹角产生的视错

　　同一大小的两点，由于空间对比关系的作用，紧贴外框之点，较离外框远之点感觉大，而且具有面的感觉。其原理主要是周围空间对比所产生的错觉（如图1-1-16）。

　　图1-1-17是两个完全对称的图形。图形上点的位置，是由水平和垂直两方向的直线相交而成。由于圆点的大小不同，点与点的间隔也起了变化。同时，有的点因所处的位置不同，给予人们的视觉效果也有差异。如图1-1-17所示右上角黑底上的白色圆点，因接近正方形外框的边线，受到来自边线所产生引力的影响，故呈现一种被拉过去的感觉。相反，在白底图中左上角的黑色圆点，因不存在边框的影响，便不会发生吸引的作用。从这个图例中我们可以了解图形与边框的关系，在设计中妥善加以应用。

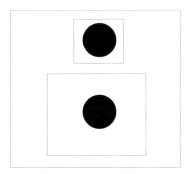
图1-1-16　点的视错

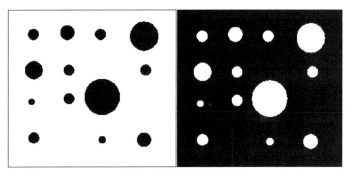
图1-1-17　点的视错

四、点在服装设计中的应用案例

　　在服装造型设计中，点是最积极、最基本的要素，任何显著而集中的小形态都可以看成点，点是存在于空间中没有长短、宽窄和深度的东西，是构成服装设计造型最小的单位。服装设计师将点的平面构成性质与服装的色彩、面料、造型及服用场合相结合，设计出以点为设计核心的作品。由于点的突出和醒目，因而具有集中注意力、突出诱导视线的功能，在设计中恰如其分的应用"点"这一设计元素，能充分起到画龙点睛的作用。

　　在服装设计中，点通常会以纽扣、耳环、饰物等形态出现。不同大小、色彩、质地的点，可以引发人们不同的视觉感受，大点显得活泼跳跃，有扩张之感（如图1-1-18）；小点有收缩、优雅文静之感（如图1-1-19）；独立的点活泼跳跃（如图1-1-20）；集中的点文雅恬静（如图1-1-21），但是如果点运用不当则会产生杂乱感。

图1-1-18   图1-1-19

图1-1-20   图1-1-21

　　此外，点在平面构成中的排列组合变化，也能够提供给设计师丰富的设计灵感。例如：①点的间隔排列，具有井然有序的美感，如再同时加上点的大小变化，就会在整装设计中产生变化丰富的视觉效果。②点依据水平或垂直方向排列，成为静的构成。相反，点沿着斜线，曲线，旋涡线排列，或者以自由方式排列，则形成动的构成，设计师可以根据设计要求的不同，将点的感情色彩充分的应用到服装设计中。③将点的大小渐变运动的排列，能形成有动感和深度感的构成图案，形成一种平面的视错空间效果，利用点的视错空间可以为特体的人群服务，为女性塑造优雅的曲线身材。④在服装设计中应用点的大小、多少、聚散、连接或不连接等变化的排列，使整装设计更具有节奏性和韵律感。

2. 优秀学生设计作品（以点为设计核心的服装设计习作，如图1-1-22至图1-1-25）

图1-1-22

图1-1-23

图1-1-24

图1-1-25

第二节 造型基本要素——线

一、线的概念

在几何的定义中，线（line）是点移动的轨迹，线是面与面的交界，在笛卡儿坐标系中只有位置和长度而不具备宽度与厚度。

二、线的形态描述

线是由点运动形成的，它是点的延伸与扩展，具有明确的方向性（如图1-2-1线是点的运动轨迹）。线随着方向的不断改变呈现出丰富的视觉效果。线的形态特征主要表现在线的长度上，而长度是按照点的移动量来决定的，除了移动量之外，点的移动速度也支配着线的特质变化。线的长短、粗细也是相对而言，当线的长度缩小到一定的比例，在环境的作用下，线的形态开始向点的形态性质方向衰减。而当线的宽度超过一定比例，线就又开始向面的形态性质方向进化［如图1-2-2线的形态性质的变化（1）］。在视觉设计上，线比点更能表现出自然界的特征来，线在外形造型上具有重要作用，封闭的线构成型，决定面的轮廓，自然界所含的面及立体都可以通过线来表现。［如图1-2-3线的形态性质的变化（2）］通过线对花的轮廓描述，我们可以清晰地了解这是花的抽象形态。所以，线是很重要的视觉要素之一。

图1-2-1 线是点的运动轨迹　图1-2-2 线的形态性质的变化（1）图1-2-3 线的形态性质的变化（2）

三、线的性质与作用

1. 线的相对性

线的长短、宽窄是相对而言。在几何定义中线是不具宽度的，但在视觉艺术中我们常常赋予线不同的宽度，以产生丰富的视觉效果。在设计中，当线超过一定宽度时会减弱线的概念，逐渐具有面的特征。当然，线的表达还与其他图面环境要素相关联，准确地说，线的相对性是针对整个图面基础来讲的。

2. 线的分类与心理特征

在视觉平面艺术中对于线的分类可以根据不同的设计需要进行，从形态上来讲，线可分为几何线和自由线两大类。从情感表述上来讲，可分为积极线和消极线等。

（1）几何线　几何线是可以用数学几何公式对其进行描述的线。它包括：直线、样条曲线、圆弧线、抛物线、渐形线等。这类线条都可以通过一定的数学公式进行描述，是按照某种数率进行运行的点的轨迹。

几何线带有一定的机械性。其中直线可以表现点与点之间最短的距离，给人直截了当和速度感。直线的不同方向也会造成不同的视觉效果。例如：垂直线，具有严肃、庄重、高尚、强直等性格；水平线，具有静止、安定、平和、静寂、疲劳的感觉；斜线，具有飞跃、向上或冲刺的感觉（如图1-2-4线的性格）。这种心理效果的产生，往往与人们的视觉经验中形成的习惯分不开（如图1-2-5线与自然界的事物的联想）。

图1-2-4　线的性格

图1-2-5　线与自然界的事物的联想

几何曲线更具变化性，它的点的运动轨迹的方向是随时改变的。但几何曲线与自由曲线的运动方式又是截然不同的，几何曲线的运动方向是通过数学运算预测的，而自由曲线的方向却是不可预知的。几何曲线比直线较有温暖的感情性格。几何曲线具有一种速度感、动感和弹力感。它会给人一种柔软、优雅之感。几何曲线具有直线的简单明快和曲线的柔软运动的双重性格。几何曲线的典型表现是圆周，它有对称和秩序性的美。我们在设计中，时常运用圆形所具有的美之因素，有组织地加以变化，可取得较好的效果（如图1-2-6几何曲线的变化）。

常见的几何曲线还有扁圆形，卵圆形及涡螺曲线形等。几何线在现代的设计领域中经常被使用（如图1-2-7几何线在工业设计中的应用），几何线更加具备现代化工业的要求。对于严谨而富于变化的几何曲线的研究是我们将设计进一步提高的突破点。

图1-2-6　几何曲线的变化

图1-2-7　几何线在工业设计中的应用

（2）自由线　自由线是不规则的线条，它很难用数学表达式来描述。自由线具有更加丰富的表现力，给人更加丰富的想象。自由线的美，主要表现其自然的伸展，并具有弹性。自由线有不可预测的变化方向，在设计中既要充分发挥其美的特征，同时也要有效的组织它的结构与变化，防止产生混乱的视觉效果（如图1-2-8自由线在设计中的应用）。

（3）积极的线　从感情角度来讲，积极的线主动的表现情绪的波动，控制图面的节奏，对于图面的其他因素起到引导作用。在平面设计中用来反映情绪积极的一面（如图1-2-9积极的线应用）。

（4）消极的线　从感情角度来讲，消极的线被动地表现情绪的波动，被图面的其他因素控制节奏，受压抑和限制。消极的线往往由图面的挤压形成。在平面设计中用来反映情绪消极的一面（如图1-2-10消极的线应用）。

图1-2-8　自由线在设计中的应用

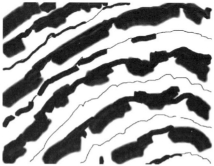

图1-2-9　积极的线应用

图1-2-10　消极的线应用

3．线的视错

① 两条等长的水平直线，由于线段端头加入不同的斜线，因斜线与线段形成的角度不同，线段就会产生不等长度的错觉（如图1-2-11）。上边的直线较下边的直线感觉稍短，下

边的直线，由于斜线与直线成角超过90°，占据了直线以外的空间，故产生较上边直线稍长的感觉。

② 长的两条直线，垂直方向的直线比被分割两段的水平直线感觉长（如图1-2-12）。

③ 同等长度的两条直线，由于其周围造型因素的对比，而产生错觉。其对比越强，则视错效果越强（如图1-2-13）。

④ 一条斜向的直线，被两条平行的直线断开，其斜线会产生不在一条直线的错觉（如图1-2-14）。

⑤ 在一个用直线组成的正方形周围，加入曲线的因素，会使正方形的直线产生变形的视错效果。在方框内曲线的影响下，其方框直线会产生向外弯曲的感觉（如图1-2-15），如图1-2-16所示的方框直线，则有稍向内弯曲的错觉，其原理同上。

⑥ 两条平行直线，由于受斜线角度的影响而产生视错，使平行直线呈现曲线的感觉。如图1-2-17的两条平行直线，有向内弯曲的视错现象，相反，如图1-2-18的两条平行直线，有向外弯曲的视错。其原理是由于斜线与直线相交，在小于90°一侧的两线间，会产生向另一侧推移的作用，使人感到相距稍远。

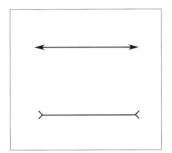

图1-2-11 线段端头的变化
产生的错觉

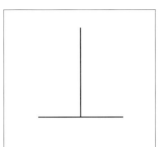

图1-2-12 垂直线比水平线长

图1-2-13 环境对比产生的错觉

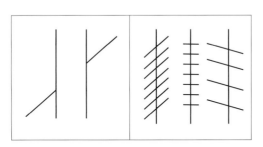

图1-2-14 斜线断开产生的视错

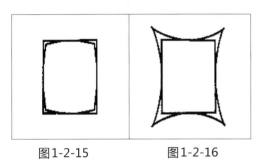

图1-2-15　　　　图1-2-16
因环境因素产生的视错（一）

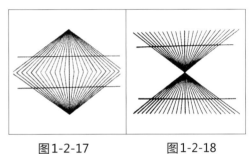

图1-2-17　　　　图1-2-18
因环境因素产生的视错（二）

四、线在服装设计中的应用案例

线在服装设计中有着极为重要的作用,它主要体现在服装结构线及服装装饰线的设计中。服装结构线主要是指公主线、背缝线、省道线等分割结构线(如图1-2-19、图1-2-20),除此以外还有领围线、胸围线、腰围线、臀围线、衣襟下摆线等(如图1-2-21)。在20世纪60年代,美国著名的服装设计师安德莱·克莱究创造了几何学线服装,克莱究的几何学线是一种建筑性的新的剪裁法,主要是将腰围线完全解放,有非常便于穿着的年轻的朝气蓬勃的造型感。服装结构线的设计是集装饰性与功能性于一体的线形设计,是服装设计基础训练中的重点与难点。服装装饰线设计则是将线的平面构成法则具体的应用到整装的设计中。

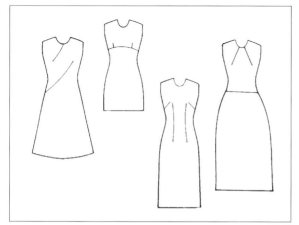

图1-2-19 服装省道线的分割

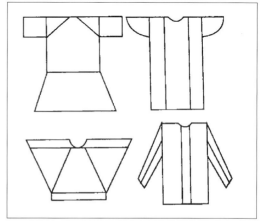

图1-2-20 服装分割线起到明确款式和结构的作用

图1-2-21 线在服装设计中的应用

在服装上，男性比女性体型健壮，棱角分明，是直线形的，因而设计中我们通常把直线运用在男性服装上（如图1-2-22）；女性的体型是柔和和优美的曲线形，因而设计中我们喜欢把曲线运用到女性服装上（如图1-2-23）；带有方向性和综合性的线，则应用于中性服装中（如图1-2-24）。服装的造型、制作方式及穿用方式和动作姿态，男女都有明显区别。不过，近些年来，由于中性文化的影响，服装界女性服装男性化、男性服装女性化，出现了很多中性服装的时髦装束，尽管如此，曲线仍是女性的象征。

服装中不同的视觉效应线的构成主要包括直线构成和曲线构成。直线型的服装有一种威严感和秩序感，应用在军装、警服等职业类服装设计中，曲线型的服装则有优雅的气氛，应用在晚礼服等服装设计中。

此外，线的情感特性及线的平面视错效果，也是服装设计师经常使用的设计手法。例如：①粗的线能增加力度和厚重感而细的线显得纤细、敏锐而柔弱，锯齿状的线因其强烈的刺激性而产生不舒服的感受，粗糙的线会令人产生受阻的苦涩。②线通过集合排列形成视错感，应用线的粗细变化、长短变化、疏密变化的排列可以形成有空间深度和运动感的服饰图案。③白色的线具有扩张感、黑色的线具有收缩感。可以利用这种视错效应，塑造、美化人体。此外传统概念中的"穿横纹衣服显人胖，穿竖纹衣服显人瘦"的观点并不完全准确，需要设计师根据具体情况具体分析，才能够将视错效果更好的应用于服装的整装设计中。④线的中断应用，可以产生点的感觉，形成一个非常巧妙的虚面设计（如图1-2-25）。⑤应用线的不同交叉方式或方向变动，就可以形成放射旋转具有强烈动势结构的服饰形态（如图1-2-26）。

图1-2-22　线在男装中的应用

图1-2-23　线在女装中的应用

图1-2-24　中性服装设计

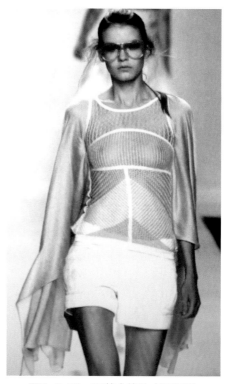

图1-2-25　服装中线的虚面设计

图1-2-26　放射状线在服装中的应用

2. **优秀学生设计作品**（以线为设计核心的服装设计习作，如图1-2-27至图1-2-30）

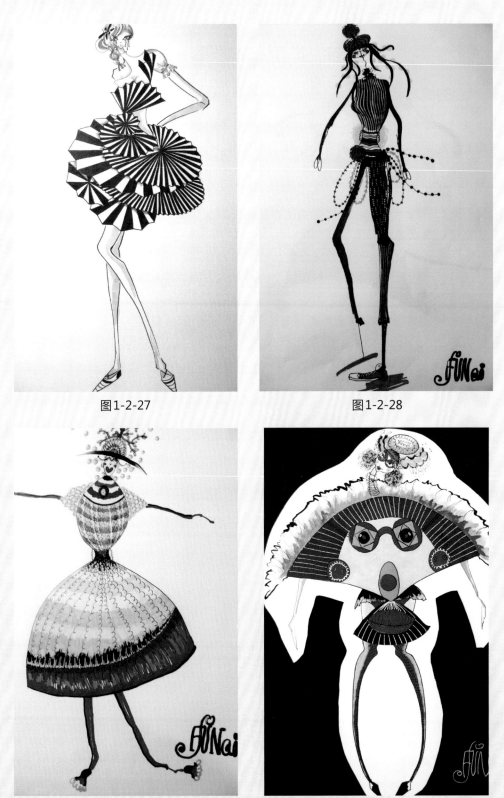

图1-2-27

图1-2-28

图1-2-29

图1-2-30

第三节 造型基本要素——面

一、面的概念

按照几何学中的定义，面（Clomain）是线移动后的轨迹，线的移动方向必须与线构成一定的角度（如图1-3-1面的形成1）。面具有位置、长度、宽度，但面没有厚度。

二、面的形态描述

面具备点和线的一些特征。如：明确的空间位置、长度，同时由于线的移动产生与该线成角度的轨迹，那么就形成了面的宽度。面是二维空间最复杂的构成元素，但面不具备三维特征，所以面没有厚度。面构成的完整性与线的移动速度、频率、方向、路径都有直接的关系。在匀速且频率相同的情况下，垂直线平行移动为方形，直线回转移动为圆形，倾斜的直线平行移动为菱形。直线以一端为中心，进行平面移动为扇形，直线做波形移动，会呈现旗帜飘扬的形状等（如图1-3-2面的形成2）。面具有长、宽两度空间，它在造型中所形成的各式各样的形态，是设计中的重要因素。

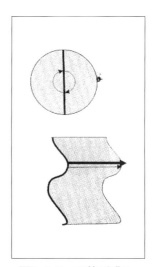

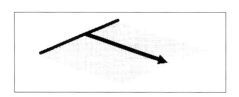

图1-3-1 面的形成1　　　　　图1-3-2 面的形成2

三、面的性质与作用

1. 面的相对性

与点和线一样，面的存在同样也具有相对性。从面的集合概念出发，面是线的移动轨迹，这种轨迹与图面其他要素的对比决定了面的性质。如果面的长度、宽度与图面的整体比例产生巨大的差异，这时的面的性质就开始向线和点的性质改变。上面，我们提到过点和线的相对性，设计者可以发现点、线、面这三个平面要素的性质是十分灵活的，它们可以根据设计者的设计要求不断改变它们的设计状态，所以僵化地区分点、线、面的设计领域是一种徒劳无益的工作。设计者应根据自己的设计需要调节点、线、面的视觉特征，在大自然中寻求灵感，让构成不再成为一种定式，而是设计者设计思想的一种自然流露（如图1-3-3面与线的相互转换）。

2. 面的分类与心理特征

（1）几何面　这里的几何面与上文讲的几何线有着同样的表述方式，几何面同样是可以用数学几何公式对其进行描述。它包括：方形的面、圆形的面、菱形的面等。这类的面都可以通过一定的数学公式进行描述，是按照某种数率进行运行的线的轨迹（如图1-3-4几何面）。在几何面中，我们还可以将之分为直线构成的面与曲线构成的面。直线构成的面具有直线所表现的心理特征。如：正方形，最能强调垂直线与水平线的效果，它能呈现出一种安定的秩序感，在心理上具有简洁、安定、井然有序的感觉，它有男性性格的特征。曲线构成的面，它比直线柔软，有理性秩序美感。特别是圆形，能表现几何曲线的特征。但由于正圆过于完美，则有呆板、缺少变化的缺陷。而扁圆形，则呈现出有变化的几何曲线，较正圆形更富有美感，在心理上能产生一种自由整齐的感觉。

（2）自由面　在自由面的形成过程中充满了偶然性和不确定的因素（如图1-3-5自由面）。在自然界中我们处处可以见到这种面的出现。一滴雨滴滴落在台阶上就形成一个自由面，它不像几何面那样必须遵守某一特定的数学规律，它充满自由带给人们的愉悦。自由面能较充分地体现出设计者的个性，所以是最能引起人们兴趣的造型，它是女性特征的典型。在心理上可以产生优雅、魅力、柔软和带有人情味的温暖感觉（如图1-3-6自由面在设计中的应用）。

（3）虚面　虚面是间隔记录的线的轨迹。间隔记录的频率越低，虚面的轮廓、内容越不清楚。相反，间隔记录的频率越高，虚面的轮廓、内容越明确。正是由于虚面的形成与点的动态频率有着密切的关系，所以虚面可以在平面设计中的表达中体现一种模糊、虚幻的内容。同样，虚面给观者的心理感受是神秘的、变幻莫测的，我们通过对设计作品中虚面的观察，理解设计者某些含蓄、内敛的设计思想（如图1-3-7虚面在设计中的应用）。

（4）实面　实面是由连续不断记录的线的轨迹构成的面，它的轮廓清晰、内容完整，有着明确的领域感和视觉重力。在平面设计中表达一种真切的、清晰的、实在的区域，给观者的心理感受是稳定、坚实、明朗。同时它也有可能会造成呆板没有生气的心理印象（如图1-3-8实面在设计中的应用）。

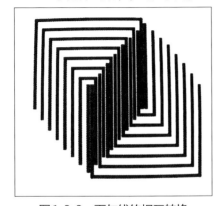

图1-3-3　面与线的相互转换

图1-3-4　几何面

图1-3-5　自由面

图1-3-6　自由面在设计中的应用　　图1-3-7　虚面在设计中的应用　　图1-3-8　实面在设计中的应用

3. 面的视错

面的视错，在设计中会时常遇到。设计师掌握错觉的原理，加以灵活运用，便能收到较好的效果。

（1）大小的错觉　由于环境大小不同的对比作用，同样大小的两个倒三角形，周围形体小的图形产生大的感觉，相反，周围形体大的图形感觉小（如图1-3-9 面的视错1）。

（2）同等大的两个正圆形，上下并置，上边的圆形，给人的感觉稍大　原因是，一般观察物体时，视平线都习惯性的较中线偏高，上部的图形大多数都形成视觉中心，所以在视觉上产生了错觉效果。按照这个原理，在文字设计时，将"8"字和拉丁字母"B"字的上半部安排的都略小于下部，这样不但调整了由视错而产生的缺陷，更增强了文字的稳定感，在视觉效果上也比较舒服（如图1-3-10面的视错2）。

（3）带有圆角的正方形　由于圆角的影响会使人产生错觉，其四边的直线能给人感觉稍向内弯曲。在设计中，这类图形会感到不够丰满。若将其边采用稍向外弯曲的弧线，则会效果更好些（如图1-3-11 面的视错3）。

（4）用等距离的垂直线和水平线，组成两个等面积的正方形，其长宽的感觉却不一样　水平线组成的正方形，给人感觉稍高。而垂直线组成的正方形，给人感觉稍宽。这是由于水平线排列的空间，在视觉上会产生膨胀感。而垂直线排列的空间，在视觉上会产生一种收缩感。这种视错经常运用在服装设计中，帮助身材肥胖的人重塑身材。

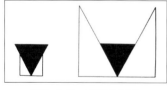

图1-3-9　面的视错1　　　　图1-3-10　面的视错2　　　　图1-3-11　面的视错3

四、面在服装设计中的应用案例

面存在于立体物表面，所谓立体物的单纯化，就是面的表面化。以人体为例，自然物大多是由曲面构成的看起来相当复杂的形态。不过，无论怎样复杂的曲面，都可以分解成很多平面来表示。穿在人体上被立体化的服装，也是由许多不同形状的平面面料缝制而成的，面是服装设计的重要造型元素。服装设计师应熟练掌握面在平面构成中的性质与作用，将面这个元素灵活的运用到设计中。例如：服装的轮廓形（如图1-3-12 服装轮廓形），即服装外形、基本形，我们经常讲的形，实际上是轮廓形的略称。服装设计大师Christion Dior、YSL发表的H型、A型等作品，即指服装外形（如图1-3-13、图1-3-14）。除此之外，不同形态的面又具有不同的特征：方形面呈现出一种安定的秩序感，显得庄重、严肃、气派、大方，是男性服饰语言的象征。正三角形面给人以稳定的静感，而锐角三角形有明确的指向性。圆形面象征着圆满、可爱、丰满、光明、温暖、快活，是女性服饰语言的象征。自由面给人以柔美、波动之感，能充分地体现设计者的个性，自由曲面也是女性特征的典型代表，在心理上会产生优雅、魅力、柔软和人情味的感觉但处理不好也很容易出现散漫、无序、杂乱的效果。偶然形态的面是随心所欲产生的图形，它比较自然且具有个性魅力，这种服饰语言往往给人留有更多的思考和想象空间。如图1-3-15所示为近代——现代女装服装轮廓形的变迁。

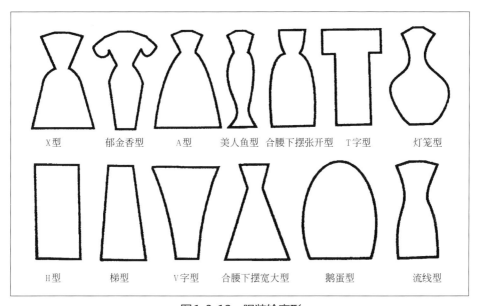

图1-3-12　服装轮廓形

图1-3-13　服装设计大师Dior的NEW LOOK 经典作品

图1-3-14　服装设计大师YSL的经典作品

1913年　1915年　1917年　1919年　1912年　1923年　1925年　1927年　1929年　1931年　1933年

1935年　1937年　1939年　1941年　1943年　1945年　1947年　1949年　1951年　1953年　1955年

1957年　1959年　1961年　1963年　1965年　1967年　1969年　1971年　1973年　1975年

图1-3-15　近代——现代女装服装轮廓形的变迁

2. **优秀学生设计作品（以面为设计核心的服装设计习作，如图1-3-16至图1-3-19）**

图1-3-16

图1-3-17

图1-3-18

图1-3-19

第四节　平面空间

一、平面空间的概念

在平面上，空间是一个视觉幻象。通过制造视觉空间幻觉的手段来表现平面中体积的形象。

二、平面空间表达方法

（1）大小变化　相同的形象，通过大小的改变呈现出远近的空间变化（如图1-4-1）。

（2）复叠　一个形象叠加在另一个形象上，产生前后的空间变化（如图1-4-2）。

（3）色彩变化　通过对相同或不同形象色彩的冷暖、明度、纯度的改变产生空间变化。一般冷色给人以远距离的视觉感受，暖色给人以近距离的视觉感受。明度高的色彩比明度低的色彩有近距离感。纯度高的色彩比纯度低的色彩产生的空间距离更近（如图1-4-3）。

（4）弯度变化　通过对形象的局部弯曲，产生空间变化（如图1-4-4）。

（5）改变方向　将不同形象按正侧或不同方向放置在画面中，或将形象某部分改变方向与其他部分产生一定角度或垂直，从而产生空间变化（如图1-4-5）。

（6）添加投影　通过对形象添加投影表达空间（如图1-4-6）。

（7）疏密　数目多的形象按疏密不同放置在画面中，产生前后变化的空间感（如图1-4-7）。

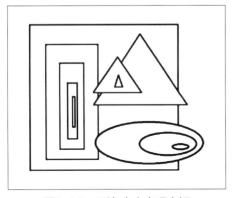

图1-4-1　形象大小表现空间

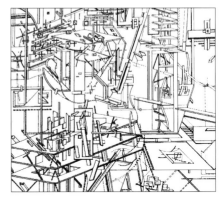

图1-4-2　形象复叠表现空间

图1-4-3　形象色彩变化表现空间

图1-4-4 线条弯曲变化表现空间

图1-4-5 形象改变方向表现空间

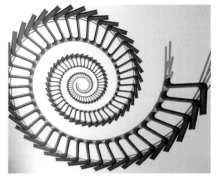

图1-4-6 阴影表现空间

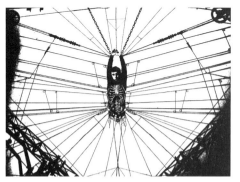

图1-4-7 线条疏密表现空间

三、平面空间的特性

（1）幻觉性 幻觉性是平面空间的重要特性。

（2）暧昧性或矛盾性 形象的局部结构是合理的，但整体却是矛盾的。它可以看做是平面图形视错觉的一种特殊现象，在设计中恰当运用这种平面空间视觉特性，会形成超现实的画面效果。

四、服装设计中的空间感

服装的空间感，是近代服装设计师提出的一个重要概念，也是服装设计中重要的美学原理。现代服装设计在结构意识上很重视考虑服装构成的平面空间效应，如应用复叠法表现服装空间感（如图1-4-8），应用线条弯曲变化表现服装空间感（如图1-4-9），应用线条方向变化表现服装空间感（如图1-4-10），应用色彩变化表现服装空间感（如图1-4-11）等。服装的空间感包括量感、触觉感、节奏运动感、线条光影、色彩等。当然，现代服装在立体空间造型上更重视服装同人的协调，是因为服装设计的基础是人体。服装设计基于对象的形体诸如高矮胖瘦、凹凸、空间比例，通过平面组合面料，进行片裁从而形成吻合于对象形体的外部特征，我们称之为从平面到立体的转化。就服装的状态而言，只有强调立体的"型和空间"的关系，方能创造出前所未有的视觉效果。服装通过夸张、变形以及织物本身的肌理来表现服装廓形，同时在设计中更应注重版型设计与面料的完美结合，利用平面空间的特性表现出人体的自然立体曲线，创造出无限自由的设计空间。

图1-4-8 应用复叠法表现服装空间感

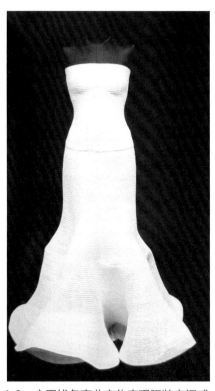
图1-4-9 应用线条弯曲变化表现服装空间感

图1-4-10 应用线条方向变化表现服装空间感

图1-4-11 应用色彩变化表现服装空间感

小结

  在服装设计中，点、线、面、体的概念是相对而言的。有时点、线、面、体还相互转换。设计时应由其表现形态来确定是点感、线感、面感还是体感的应用，要服从整体的设计感觉，不要拘泥于概念。我们应注意点、线、面、体的合理使用，使设计作品既符合平面构成的美学法则又有一定的创新。在设计过程中，点、线、面、体的运用要有所侧重，或以线为主，或以面为主，或把点突出，或是完整立体。切忌点、线、面、体的杂乱堆砌。点、线、面、体的组合可以产生各种服饰造型效果。任何完美的造型设计都必须注意功能性与装饰性的有机结合，即使偏重于审美的艺术服饰设计，也要注意到整装设计与人体的统一和谐。

  平面构成的美学法则概念要自始至终贯穿于服装设计之中，设计师一方面要考虑服装造型必须满足人体的使用需要，另一方面还要通过创意设计使服装造型更具艺术感，更为别具一格。

思考与练习

1. 如何理解平面构成中点、线、面、空间的形态？
2. 点、线、面在艺术设计中有哪些应用模式？
3. 如何在服装设计中综合运用点、线、面的设计？
4. 分析、研究服装设计大师设计作品中成功运用点、线、面、空间的设计案例。

第二章　平面构成的骨格

骨格在平面构成里起到了不可或缺的重要作用，按照美的视觉效果，力学的原理，进行编排和组合。它是以理性和逻辑推理来创造形象、研究形象与形象之间的排列的方法。

第一节　骨格的组织结构

一、骨格的定义

就是构成图形的骨架及形式，在构成中骨格起关键作用。骨格最大的功用是将形象在空间或框架里作各种不同的编排，使形象有秩序地排列，构成不同的形状与气氛。骨格既起管辖编排形象的作用，也给形象以空间阔窄的功能。

二、骨格的作用

1. 给基本形以空间。
2. 使基本形有规律地依着骨格的变动而排列起来。

三、骨格的分类

骨格可以分为规律性骨格、非规律性骨格、有作用骨格、无作用骨格四大类。

1. 规律性骨格

规律性骨格是按照数学方式，有规律的排列。基本形依照骨格排列，具有强烈的秩序感。规律性骨格有水平线和垂直线两个主要元素（如图2-1-1所示）。若将骨格线在其宽窄、方向或线质上加以变化，可以得出各种不同的骨格排列形状。主要有重复、近似、渐变、放射和变异等构成。

图2-1-1所示的骨格为规律性最强的重复骨格，图中白色细线表示规律性骨格的水平线和垂直线，白色正方形代表重复的基本形。同样，近似、渐变、放射和变异等构成的骨格均为规律性的，因为骨格线的宽窄、方向或线质上的变化，所以限定的基本形也发生了相应的变化。

2. 非规律性骨格

非规律性骨格没有严谨的骨格线，构成方式自由生动，有很大的随意性，如密集、渐变、近似构成（如图2-1-2～图2-1-6所示）。

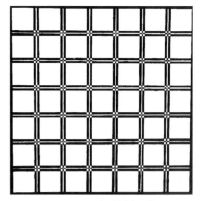

图2-1-1　规律性骨格

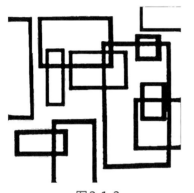

图2-1-2

图2-1-3

图2-1-4

图2-1-5

图2-1-6

上面各图中所示为大小不等、明暗各异的基本形或基本形组合所做的非规律性构成，这类构成因为随意性大，做画面安排时要充分考虑画面的重心、强弱、明暗等关系，以求得画面的稳定性。图2-1-2所示属于非规律的近似构成，通过大小宽窄不同方形的非规律性的透叠变化体现一种层次感；图2-1-3属于非规律的近似构成，是在近似基本形的基础上进行分割组合，并采用图的反转现象营造丰富的画面效果；图2-1-4属于非规律的重复密集构成，基本形相同，方向和刻画程度进行了非规律的变化，从而打破重复基本形所造成的单调感；图2-1-5和图2-1-6都属于多种近似形组合的非规律性骨格构成。每幅图都有两种以上的相关或者不相关的相似基本形组合在一幅画面中，构成一种自由的多变效果。

3. 有作用骨格

有作用骨格即每个单元的基本形，必须控制在骨格线内，按整体形象的需要去安排图形（如图2-1-7、图2-1-8、图2-1-9所示）。

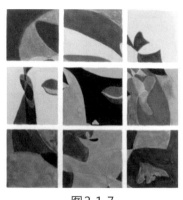  

图2-1-7　　　　　　　　　　图2-1-8　　　　　　　　　　图2-1-9

图2-1-7表现的是典型的有作用骨格构成的范例，有九宫格组成一个完整的人物造型构成，每个小格中画面不同，严格地控制在正方形的骨格线中以保证整体形象；图2-1-8中表示的骨格线规律性不强，但每个单元的基本形也都体现在相应的骨格线中，以确保整体画面的完整性。图2-1-9则是有作用的重复骨格中安排的不同的基本形，这种构成方式则打破重复构成单一性。

4. 无作用骨格

无作用性骨格是将基本形单位安排在骨格线交点上。无作用性骨格确定的是基本形的位置，而非限定基本形的空间。例如在成品服装上所做的图案多为先确定位置，大小造型的空间则由设计师来安排。

第二节　骨格的种类

骨格在汉典中的解释为人或动物的骨头架子，也用于比喻诗文或其他事物的骨架或主体，亦有骨气、品格、气质、仪态之意。在构成中，骨格是构成作品的骨架和主体，并以此来体现作品的形态，即画面的形状构造以及所引申出的态势品格。

平面构成中，骨格种类多种多样。若将骨格线在其宽窄、方向或线质上加以变化，可以得出各种不同的骨格排列形状。常见的骨格种类有重复、近似、渐变、放射和变异等构成。

一、重复

重复是指在一个画面中使用一个形象或两个以上相同的基本形进行平均的、有规律的排列组合。可利用相同重复骨格来进行形象、方向、位置、色彩、大小的重复构成。

重复构成属平面构成的范畴，构成是一种造型概念，也是现代造型设计用语。是将几个以上的单元（包括不同的形态材料）重新组合成为一个新的单元，并赋予其视觉化的力学观念。重复就是将相同或相似形象反复排列，它的特征是形象的重复性，强化主题，最富秩序感和统一感（如图2-2-1所示）。

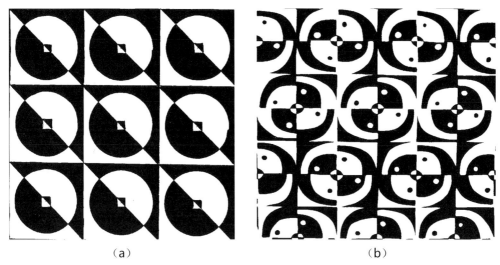

（a） （b）

图2-2-1

图2-2-1（a）所示为正方形骨格线内的简单几何形的构成，画面简洁明快，骨格线和基本形都一目了然，典型性比较强。如将基本形的色彩进行适当排列，打破骨格分割线的状态，会取得更加丰富的效果。如图2-2-1（b）是在没有破坏骨格线的情况下，利用基本型不同方向的排列变化来提升画面的效果。

在生活中，这种用多个相同的形象按某种秩序有规律地排列而呈现出一定美感的例子很多。如军事检阅中的方阵，每行的人数相等，服装一致，动作整齐划一，显示出中国人民解放军威武之师。再如礼堂教室里的桌椅，行列整齐，造型一致，不论从形和式都蕴含着秩序，给人一种美的享受。在这些表现形式中都具有两个以上同一因素重复连续排列的共同特点。

重复的形成包括一个形体反复连续（如图2-2-2、图2-2-3）、两个形体一组反复连续（如图2-2-4、图2-2-5）和多个形体为一组反复连续（如图2-2-6、图2-2-7）。

图2-2-2

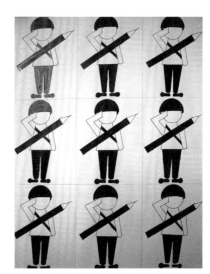

图2-2-3

图2-2-2采用三角几何形为基本形的重复构成，利用黑白形的图地翻转现象进行表现；图2-2-3则是人物为基本形的重复构成形式，虽然基本形比图2-2-2的基本形复杂，但是缺少图地翻转的变化而显得效果单一。

图2-2-4

图2-2-5

图2-2-4与图2-2-5的两张构成均采用色彩一正一反的两个形体为一组的重复变化，从而增强层次感，丰富画面效果。图2-2-4是利用照片正负片的效果来进行一正一反的基本形交换排列，由于人物造型复杂，整体画面效果不错；图2-2-5则是利用水果正负片的隔行交换排列，同时利用错位和上下边缘空缺的方式来增强画面的艺术性。

图2-2-6

图2-2-7

图2-2-6和图2-2-7为多个形体为一体反复连续以产生更加丰富的效果，做这种构成时需考虑所选用的基本形不能太过夸张和复杂，否则会造成零乱感。如图2-2-6采用单纯几何形组合排列的重复练习，基本形比较简单，主要通过黑白两色的穿插组合，破坏原有的骨格线，形成新的视觉形态。图2-2-7则是使用不同粗细的线条组成简单的几何形和有机形，组合成复杂基本形。

1. 基本形的重复

在设计中连续不断的使用同一元素，成为重复基本形。重复基本形可以使设计产生绝对和谐统一的感觉。大的基本形重复，可以产生整体构成的力度；细小密集的基本形重复会产生形态机理的效果（如图2-2-8所示）。

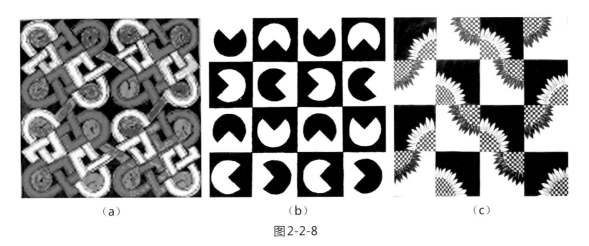

（a） （b） （c）

图2-2-8

图2-2-8中三幅图均为重复基本形的重复构成，采用色彩的对比关系强化画面效果，用以解决基本形简单、大小相同所引起的单一感。图2-2-8（a）是以一种旋转对称式的中国结为基本形所作的构成，每个基本形为四个旋转对称的小基本形组成，四个大的基本形又通过连接线组成更大的基本形。图2-2-8（b）为细小密集的简单几何形所作的正负片效果的基本形，通过色彩和方向交错排列形成一种多变的肌理效果；图2-2-8中（a）类同于（b），只是增大基本形所占的空间，以期产生整体的构成力度。

2. 骨格的重复

骨格重复构成中的骨格就是构成图形的框架、骨架，使图形有秩序的排列，在有规律的骨格中，重复骨格是基本的骨格形式。规律性骨格包括水平线和垂直线（还可以根据画面的需求变化）两个重要元素。若将骨格线在方向、宽窄、线质上加以变化，就可以得到不同的骨格排列形式。

骨格也可以分为有规律性骨格和非规律性骨格两种。规律性骨格是按数学方式进行有秩序的排列，像重复、渐变、近似、放射等构成方法都属于规律性骨格；非规律性骨格是比较自由的构成形式，像对比、变异、密集等都属于非规律性骨格。

在规律性骨格中可以分为作用性骨格和无作用性骨格两种。作用性骨格，是指每个单元的基本形必须控制在骨格线内，在固定的空间中，按整体形象的需要来安排基本形；无作用性骨格是将基本形单位安排在骨格线的交叉点上，骨格线的交点就是基本形之间的中心距离，当形象构成完成后即可将骨格线去掉。

重复构成的基本形可采用具象形、抽象形、几何形等组合基本形。

3. 重复的类型（如图2-2-9、图2-2-10、图2-2-11所示）

（1）形象的重复　基本形形状一样，可有色彩（黑白灰）、方向的变化

（2）大小重复　大小相同，形状、色彩、方向可找变化

（3）方向的重复

（4）位置的重复

（5）中心的重复

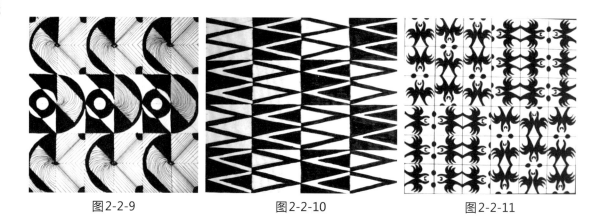

| 图2-2-9 | 图2-2-10 | 图2-2-11 |

图2-2-9所示为重复位形象和大小结合的重复类型，每个基本形所占面积相同，隔行的基本形稍有变化。图2-2-10为单纯的形象重复，基本形形状一样，只是色彩和方向发生变化。图2-2-11则是单纯方向变化，基本形不发生其他变化。

二、近似

世界上没有完全相同的两样东西，近似从概念上讲是相近或相像，但不相同。从形状、色彩、大小、肌理等方面上各有区别，近似构成通过在形状、大小、色彩、肌理等方面相近的特征，表现了在统一中呈现生动变化的画面效果。

骨格与基本形变化不大的构成形式，称为近似构成。近似构成是重复构成的轻度变化，是同中求异。是基本形的形象产生局部的变化，但又不失大形相似的特点。寓"变化"于"统一"之中是近似构成的特征，在设计中，一般采用基本形体之间的相加或相减来求得近似的基本形，平面构成中的近似构成要让人感觉到基本形之间是一种同族类的关系。近似构成的骨格可以是重复或是分条错开，但近似主要是以基本形的近似变化来体现的。基本形的近似变化，可以用填格式，也可用两个基本形的相加或相减而取得。自然界中近似形很多，如某种树的叶子、同种类的小鸟等，他们的造型都有近似的性质。

近似的类型主要是指形状近似和骨格近似（如图2-2-12～图2-2-17所示）。

（1）形状近似　形状的近似是指用基本形作为原始形，将两个基本形进行相互加减，或将基本形在空间中进行旋转，或将基本形进行变形。

（2）骨格近似　骨格近似是指骨格单位的形状、大小有变化。将基本形分布在设计的骨格框架内，使每个基本形以不同的方式、形状出现在单位骨格里。

图2-2-12是基本形形状近似的近似类型，采用形状近似的外文字母进行色彩、方向上变化丰富画面效果，同时字母组合的单词也造成一种隐喻效果。图2-2-13属于骨格近似，以神态各异的京剧脸谱为基本形，也属于形状的近似。图2-2-14属于骨格近似，基本形形状差别较大，利用木纹效果做出的各异人面造型。图2-2-15属于形状近似，应用扑克牌中人物造型为基本形，同时亦改变扑克牌的大小、方向，营造出一种随意的视觉效果。图

图2-2-12

图2-2-13

图2-2-14

图2-2-15

图2-2-16

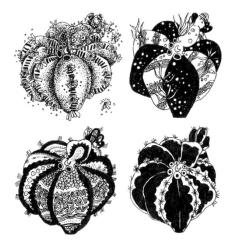

图2-2-17

2-2-16的近似基本形采用大小不同的同一种面具，方向发生变化，亦达到和谐平衡画面的效果。图2-2-17属于骨格近似，在田字格骨格框架内，采用花头为基本形，大体形状不变，局部细节和肌理发生变化，给人一种新颖明快的视觉感。

三、渐变

渐变是指基本形或骨格逐渐地、规律性地、循序地无限变化，它能使人产生节奏感和韵律感。是一种符合发展规律的自然现象。

渐变构成形式是指把基本形体按大小、方向、虚实、色彩等关系进行渐次变化、排列的构成形式，骨格与基本形具有渐次变化性质的构成形式，称为渐变构成。渐变构成有两种形式：一是通过变动骨格的水平线、垂直线的疏密比例取得渐变效果；二是通过基本形的有秩序、有规律、循序的无限变动，如迁移、方向、大小、位置等变动而取得渐变效果。此外，渐变基本形还可以不受自然规律限制，从甲渐变成乙，从乙再变为丙。例如，将河里的游鱼渐变成空中的飞鸟，将三角形渐变成圆形等。

渐变的形式是多方面的，形象的大小、疏密、粗细、空间距离、方向、位置、层次，声音的强弱层次，色彩的明暗、深浅、快慢、强弱都可达到渐变的效果。渐变的特点是着重表现变化的过程，包含节奏和韵律，流畅生动（如图2-2-18、图2-2-19所示）。

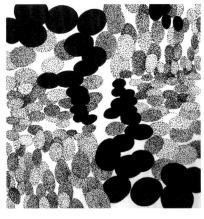

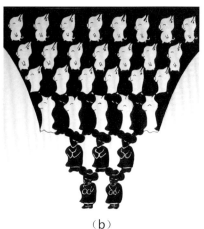

（a）　　　　　　　　（b）

图2-2-18　　　　　　　　　　　　　　　图2-2-19

　　图2-2-18采用简单基本形的色彩层次和大小的渐变，画面效果简洁明快，整体感强，构图均衡；图2-2-19（a）中，以大小渐变为主，辅以黑白两色的穿插变化，使整个画面富有变化且重心稳定，渐变效果较强；图2-2-19（b）中，巧妙地利用了间隙空间进行渐变，使黑色的人物形象逐渐变化为白色的动物形象，实现图的反转现象。

　　渐变构成的形式是多方面的，形象的大小、疏密、粗细、空间距离、方向、位置、层次，声音的强弱层次，色彩的明暗、深浅、快慢、强弱都可达到渐变的效果。包括基本形的渐变和骨格的渐变两大形式。

1. 基本形的渐变

　　基本形的渐变是指基本形的形状、大小、方向、位置、色彩逐渐变化（如图2-2-20、图2-2-21所示）。

　　（1）形状渐变　由一个形象逐渐变化成为另一个形象。有具象形渐变和抽象形渐变两种形式。

　　（2）大小渐变　基本形由大变小或由小变大，给人以空间深度之感。

　　（3）方向渐变　基本形的排列方向渐变，会使画面产生起伏变化，增强立体感和空间感。

　　（4）位置渐变　基本形与基本形间的距离渐次地变密或变疏。

　　（5）色彩渐变　基本形的色彩由明到暗渐次变化。

　　图2-2-20为色彩的渐变，不同明度的蓝色系拉开画面的层次效果；图2-2-21（a）是在色彩渐变的基础上加强线条的方向变化，使画面具有一定的立体感和空间感；图2-2-21（b）属于大小的渐变，利用近大远小的视觉原理增强画面透视空间；图2-2-21（c）属于多种基本形的大小变化，由于所选基本形态相互关联，使得整体画面产生一种律

图2-2-20

动的美感；图2-2-21（d）采用的骨格是重复的，单纯基本形的渐变，这种网点印刷的方式造成一种炫目的效果。

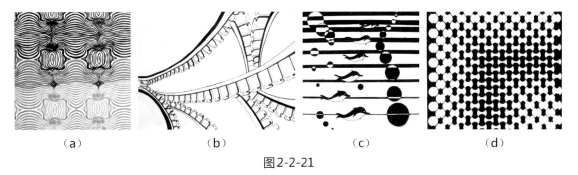

（a） （b） （c） （d）

图2-2-21

2. 骨格的渐变

骨格的渐变是指重复骨格线的位置逐渐地有规律地循序变动。其中的单向渐变也叫一次元渐变，就是仅用一组骨格线进行的渐变。

在渐变构成中基本形和骨格线的变化非常重要，既不能变得太快缺少连贯性，又不能变得慢重复累赘。合理的变化才能使画面有节奏感和韵律感，同时又有空间透视效果。

如图2-2-22所示均为骨格的渐变，基本形式相同的骨格发生了相应的变化。

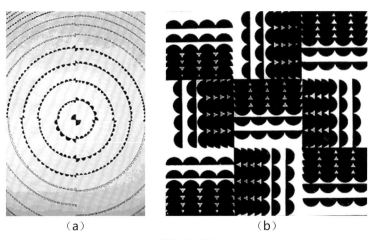

（a） （b）

图2-2-22

渐变构成中除了基本形渐变和骨格渐变两大形式外还可以进行骨格和基本形都渐变的形式，如图2-2-23所示。

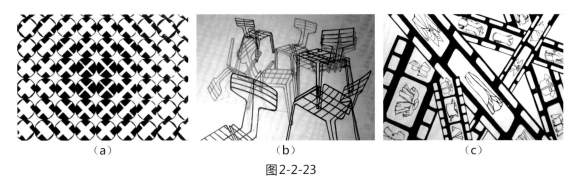

（a） （b） （c）

图2-2-23

图2-2-23(a)是典型的骨格和基本形都发生变化，由于变化幅度都不大而且是规则的，所以整体画面呈现一种机械的美感；图2-2-23（b）和（c）均是以一种常见的基本形辅以无规律的排列，这种情况应着重注意画面重心的稳定性。

四、放射

放射是一种常见的自然现象和常见自然的形状。如光芒四射、水花四溅以及花瓣的结构、水面上的涟漪等都是放射状的。放射构成是骨格单位环绕一个共同的中心点向四周重复，具有特殊的视觉效果。放射中心与方向的变化构成不同的图形，造成光学的动感和强烈的视觉效果。放射中心可以是显性的，也可以是隐性的。它的特点是结构丰富，但均称、稳定，紧凑，有凝聚力、爆发力和张力。

放射是渐变的一种特殊形式。放射是由有秩序性的方向变动形成的。

放射的前提是确定放射中心。虽然中心有时有几个或更多，或是移出画面之外等。中心是方向变化的根据，方向变化应有一定的规律，而中心的编排是规律的主要部分。

放射也是一种特殊的重复，放射就是中心对称，指围绕一个中心，形态均匀地向四周散开或向中心收缩。

图2-2-24

放射构成形式是以一点或多点为中心，向周围放射、扩散而成的视觉效果，具有较强的动感及节奏感。

骨格线和基本形呈放射状的构成形式，称为放射构成。此种类的构成，是骨格线和基本形用离心式、向心式、同心式以及几种放射形式相叠而组成的。其中，放射状骨格可以不纳入基本形而单独组成放射构成；放射状基本形也可以不纳入放射骨格而自行组成较大单元的放射构成。此外，还可以在放射骨格中依一定规律相间填色而组成放射构成（如图2-2-24所示）。

基本形纳入放射骨格，其性质可分为四种：

① 用线作基本形——即骨格线成为可见的线，或各组线分别纳入各骨格单位里。

② 非作用性骨格中的基本形依靠非作用性骨格线引导形依次排列。基本形可以重复、渐变或近似。

③ 作用性骨格中的基本形是在作用性骨格线确定各基本形位置的情况下，并将背景分割或将逾线的基本形切除。

④ 特大的基本形——如基本形面积过大，超越任何的骨格单位，甚至盖住发射中心，则此类基本形可由非作用性骨格编排其位置及方向。

放射骨格的类型包括向心式放射、离心式放射、螺旋式放射、同心式放射。

放射具有多方的对称性。向心式是指骨格线自各个方向向中心迫近。离心式放射的骨格线均由中心向外放射。同心式放射指的是同心圆围绕着放射中心一层一层向外扩展。同心式的变化很多，如多圆中心、螺旋形等。

依据基本形纳入放射骨格的性质和放射骨格的类型，从而产生千变万化的放射构成（如

图2-2-25～图2-2-29所示)。

（a）　　　　　　　　　（b）
图2-2-25　　　　　　　　　　　　　　　图2-2-26

图2-2-27　　　　　图2-2-28　　　　　图2-2-29

　　图2-2-25（a）是采用五线谱造型的、放射骨格为螺旋式的放射类型，构图直观简单，从形状和意义上均体现一种韵律感；图2-2-25（b）从画面效果看为离心式放射和同心式放射相结合，整体效果比较单一；图2-2-26为向心式放射和螺旋式放射相结合；图2-2-27为向心式放射和同心式放射相结合，由于均采用直线和黑白错位构成，产生视错效果从而丰富了画面趣味感；图2-2-28为多个放射中心，线组放射形不规则放射构成；图2-2-29的放射中心只有一个，放射线为自由曲线形，中间穿插三角形组成鱼形，给人一种明确的离心式放射的感觉。

五、变异

　　变异是指构成要素在有秩序的关系里，有意违反秩序，使少数个别的要素显得突出，以打破规律性。

　　所谓规律是指重复、近似、渐变、放射等有规律的构成。变异的效果是从比较中得来的，通过小部分不规律的对比，使人在视觉上受到刺激，形成视觉焦点，打破单调，以得到生动活泼的视觉效果。应当注意特异的成分在整个构图中的比例，如果变异效果不明显，不会引人注目，而过分强调特异则破坏了统一感。

变异构成是指在有秩序的关系里，有意违反秩序，使少数个别要素显得突出，以打破规律性，打造出"万绿丛中一点红"的效果。它的特点是出人意料、惊喜与刺激（如图2-2-30、图2-2-31所示）。

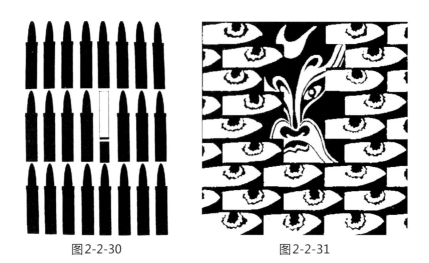

图2-2-30 图2-2-31

变异依赖于秩序而存在，必须具有大多数的秩序关系，才能衬托出少数或极小部分的特异。变异的目的在于突出焦点，在于打破单调重复的画面。能消除画面的单调感，任何元素均可作处理，在使用变异时，变异的基本形只要有一项或两项视觉元素不合大体的规律，就会起到变异的效果。如形状变异、大小变异、色彩变异、肌理变异、位置变异等。基本形的变异能使设计中的画面产生焦点作用（如图2-2-32、图2-2-33、图2-2-34、图2-2-35所示）。

（1）形状的变异 指设计中出现两种基本形，一种是规律性的，另一种是特异性的。较之规律性基本形有造型上的比例差。

（2）大小变异 指设计中的基本形出现面积大小上比例差。

（3）色彩变异 指用色彩加强变异的效果。

（4）位置变异 把较明显的位置作为变异的基本形部分。在位置变异中也可以结合基本形大小、形状色彩的变异。

图2-2-32 图2-2-33

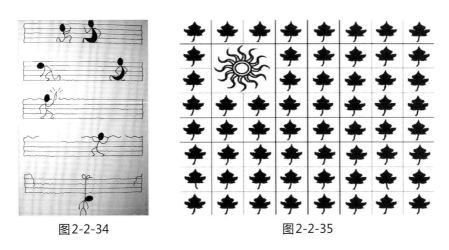

图2-2-34   图2-2-35

　　图2-2-32的变异类型为形状和大小结合的变异，营造一种强烈的视觉差异；图2-2-33是色彩的变异，利用色差凸现出所要表达的文字；图2-2-34属于一种趣味变异，通过漫画人物的不同举动，传达一种生动活泼的效果；图2-2-35是形状和大小结合的变异，同时这两种形象也表达了一种意义上的引申。

第三节　比例与分割

　　按一定比例对画面进行切分，可以看作骨格的另一种概念，不过理解的角度不同，形式上也有所区别，主要分为等形切分、等量切分、比例关系切分三种。

一、等形切分

　　等形切分是指形状一样，但在切分时对图形元素进行适当的调整，使之出现对比。这样会在一种统一的形态下，呈现和谐的美（如图2-3-1、图2-3-2所示）。

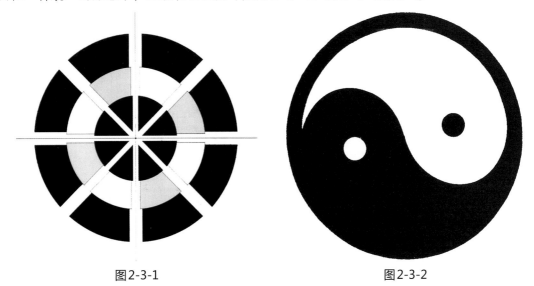

图2-3-1   图2-3-2

图2-3-1和图2-3-2都属于旋转的等形切分，前者是绝对对称的，后者是旋转对称的。

二、等量切分

等量切分即形状可以不一样，但在视觉中有同样的分量。如图2-3-3、图2-3-4为等量切分范例图。

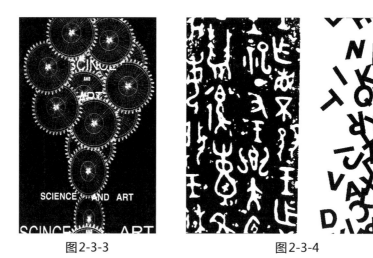

图2-3-3   图2-3-4

三、比例关系切分

比例关系切分指在构成画面中被切割的各部分间保持一定的比例关系。如图2-3-5、图2-3-6为不同方式的比例关系切分范例图。

图2-3-5   图2-3-6

比例关系切分构成中最常见的有黄金分割、重复分割、数例分割、自由分割四种。

1. 黄金分割

黄金分割比率简单地说，就是3：2。数字为1：0.618的比例形式，是人们一致公认最美的分割比率。著名的法国巴黎埃菲尔铁塔各部分的比例就是黄金分割比率。有关比例美的法则，经许多哲学家、美术家、数学家、心理学家的研究，在国际上一致公认为，古希腊时期所发明的黄金率1：0.618长度比例关系，具有标准美的感觉，并还证明许多造型物体与空间，只要近似于这个数字，在视觉心理上就能产生部分与整体的比例美感。因而黄金分割率的实际应用为2：3，3：5，5：8的近似值比例，即矩形中短边与长边的比例为短边（*a*）：长边（*b*）=*b*：（*a+b*）。在整体与局部大面积比例上，也等于较大部分与较小部分之比，即*a*大面积、*b*小面积、*c*整体，公式是*c*／*a*=*a*／*b*（如图2-3-7所示为黄金分割标准示图）。

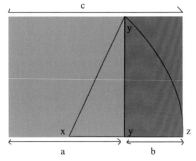

图2-3-7　黄金分割标准

2．重复分割

重复分割的形式较为严谨，对型的要求很高，所分得的图形需做到统一有序（如图2-3-8所示）。

3．数例分割

数例分割只求比例的一致，不需要求得型的统一。包括等比数列，即1：*a*：a_2：a_3：a_4……a_{n-1}：a_n 先变化慢，再逐步加快，产生加速感；调和数列，1、1/2、1/3、1/4、1/5……1/*n*，这种比例的变化会先很快，再逐渐趋于平和，

图2-3-8

产生减速感；费波纳齐数列，1、2、3、5、8、15……*a*、*b*、（*a+b*），后一个数字是前两个数字之和，产生具有包容性的加速感（如图2-3-9、图2-3-10、图2-3-11所示）。

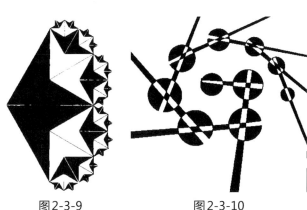

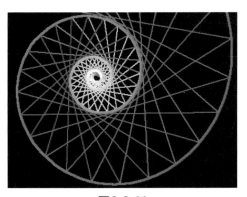

图2-3-9　　　　　　　　图2-3-10　　　　　　　　　　图2-3-11

图2-3-9所示为等比数列的分割，画面图形变化显著，从而产生一种引人入胜的惊奇效果；图2-3-10为调和数列形成的分割，画面图形变化平缓，给人一种大统一小变化的感觉；图2-3-11是在费波纳齐数列基础上所作的数列分割，为一种螺旋状构造，由内而外产生的生长感。

4．自由分割

自由分割没有具体的规律，从审美的角度进行表现。在掌握了前三类分割的情况下，以"美"为唯一原则，对画面进行分割（如图2-3-12、图2-3-13、图2-3-14所示）。

图2-3-12

图2-3-13

图2-3-14

第四节　对比

　　对比是指将两个以上相异的要素结合，从而使之在多种要素之间造成感觉上产生大小、远近、上下、轻重、粗细、方向、强弱等关系的比较。它指的是同一性质物质的悬殊差别，将不同的图形形象作对照，相互比较。在对比的画面中，要强调画面的整体统一。

　　对比就是由于平面构成的各元素在形态、颜色、材质的不同形成了视觉性的差异。这种差异的范围很广，如形的圆与方，点线的疏密与曲直，颜色的深与浅等。强烈的反差就形成了强烈的对比，一般来说，对比代表了一种张力，能够挑起观看者的情绪反应，能够带来一定的视觉感受。对比包括形的对比、骨格的对比、无骨格的对比三种。

一、形的对比

　　形的对比指形状不同的形象产生较强烈的对比，但要注意整体的统一感。应了解不同形象的形状之间产生的对比关系所形成的效果，及其在不同性质、不同构图的画面中的适应性（如图2-4-1～图2-4-4所示）。

图2-4-1

图2-4-2

图2-4-3

图2-4-4

　　图2-4-1是一种事物两个完全相反的对立面产生的对比，属于事物的本质对比关系；图2-4-2属于事物形态大小和方向的对比，属于一种最简单的对比关系；图2-4-3是色彩的对比，由于远看颜色近看花的视觉习惯，色彩的对比往往给人造成强烈的对比效果；图2-4-4属于形状的综合对比，既有色彩上对比关系，也有造型和方向的对比关系。

二、骨格的对比

　　骨格的对比指一种骨格与另一种骨格形成的对比，以规律性骨格与非规律性骨格对比特征最为明显（如图2-4-5～图2-4-8所示）。

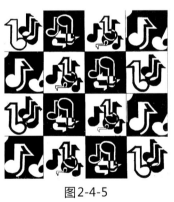

图2-4-5

图2-4-6

图2-4-7

图2-4-8

图2-4-5和图2-4-6属于规律性骨格所作的对比；图2-4-7和图2-4-8则是非规律性骨格所作的对比。

三、无骨格的对比

无骨格对比是一种没有骨格限制的构成形式，表现形象与形象之间，形象与空间相互比较而产生的差异，是属于形态与形态之间视觉要素的对比，主要包括大小对比、形状对比、肌理对比、位置对比、方向对比、重心对比、色彩对比、虚实对比、数量对比、形态与背景之间的对比十种。

1. 大小对比

大小对比指形状在画面上所占面积的不同，从而可造成轻与重、主与次、前进与后退等对比。大小的差异越大，对比越强，反之则较弱。

2. 形状对比

形状对比指形状直线与曲线、动与静、繁与简、规则与不规则、人为形与偶然形等对比。形状的对比是建立在一定的关联之上的，有相似之处又有对比。色彩对比指色彩的色相、明度、纯度、冷暖、面积等方面的对比。如只以黑白两色来说，则黑与白就是最强烈的一组对比。

3. 肌理对比

肌理对比指不同形态表面纹理及质感的比较。如纹理的形状、疏密、色彩的对比；质感的粗糙与细腻、有无光泽、软与硬等的对比等。

4. 位置对比

位置对比指形态在画面上所处的位置不同所产生的上、下、左、右、中等对比。

5. 方向对比

方向对比指有方向的形态在画面中的朝向不同，所产生的对比。如朝上、朝左、朝右等对比。方向变动越大，对比感越强，但画面要注意构图，避免过度凌乱。

6. 重心对比

重心对比指形态在画面中稳定与不稳定，从而产生的动与静、安全与危险等心理感觉的对比。

7. 色彩对比

色彩对比指色彩的色相、明度、纯度、冷暖、面积等方面的对比。如只以黑白两色来说，则黑与白就是最强烈的一组对比。

8. 虚实对比

虚实对比指形态在画面中形成的明显与不明显、膨胀与收缩、前进与隐退的对比。

9. 数量对比

数量对比指形态在画面中数量上的多与少，从而产生比例、疏密等对比。

10. 形态与背景之间的对比

形态与背景之间的对比包括形态在背景空间中所产生的密集与疏散对比；形态在背景空间采用相离、相遇、联合、剪缺、透叠、差叠等组合形式的对比；指画面中的正负空间所产生的形状、大小、虚实等对比等。

第五节 肌理

肌理又称质感，由于物体的材料不同，表面的排列、组织、构造各不相同，因而产生粗糙感、光滑感、软硬感。

肌理是指物体表面的纹理。"肌"指皮肤；"理"指纹理、质感、质地。不同的物质有不同的物质属性，因而也就有其不同的肌理形态，例如干和湿、平滑和粗糙、光亮和不光亮、软和硬等，这些肌理形态，会使人产生多种感觉。例如，有的物体表面给人的感觉是柔软的，有的则是粗硬的，还有的则是细腻的。肌理效果的应用在我国历史久远，早在新石器时代，陶器就是用压印法在器物的表面形成绳纹等纹理进行装饰；汉代的画像砖和瓦当上也有草编纹样出现；宋代的瓷器中，窑变所形成的自然的裂纹；中国书法中的飞白等，都说明人们对于不同形态的"质感"，对肌理效果的审美追求和对不同材质的认识利用。

不论是宏观还是微观，凡是人类所能感知到的物质世界，都会给我们提供丰富繁多的物质表象。这些物质表象的肌理形态传递不同的信息。例如，人面部的皮肤纹理，就会反映出不同的年龄和不同的生活经历，即使是极细微的差别，也会由面部不同的肌理体现出来。因此我们在了解物体的同时，要不断开拓对物象新的认识，使肌理运用于现代设计中。

构成当中的肌理一般分为视觉肌理和触觉肌理。

一、视觉肌理

视觉肌理是对物体表面特征的认识，一般是用眼睛看而不是用手触摸的肌理。它的形和色彩非常重要，是肌理构成的重要因素。

肌理的表现手法是多种多样的，比如用钢笔、铅笔、圆珠笔、毛笔、喷笔、彩笔，都能形成各自独特的肌理痕迹；也可用画、喷、洒、磨、擦、浸、烤、染、淋、熏炙、拓印、贴压、剪刮等手法制作。可用的材料也很多，如木头、石头、玻璃、面料、油漆、海绵、纸张、颜料、化学试剂等。随着现代科技的发展，将有更多的肌理被运用于我们的现代设计之中。下面简单介绍几种手法。

1. 绘写法

绘写法是指用笔进行自由绘写或规律绘写直接就可以造成肌理效果。在制作这种肌理时，肌理元素的形象越小越好，否则就会失去肌理的感觉。（如图2-5-1、图2-5-2、图2-5-3、图2-5-4、图2-5-5所示）

图2-5-1和图2-5-2是彩色的绘写肌理效果，前者为渲染描绘，后者为任意甩、点完成；图2-5-3、图2-5-4、图2-5-5均为黑白描绘构成，前两者为印压效果，后者为手工描画构成。

2. 拓印法

拓印法指将一个凹凸不平的物体的表面纹样印在另一个平面之上构成的肌理效果。（如图2-5-6、图2-5-7所示）

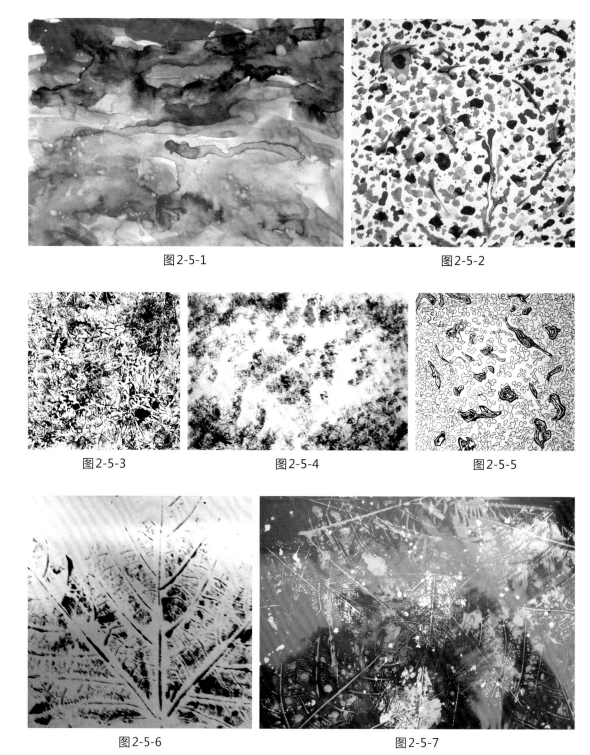

图2-5-1

图2-5-2

图2-5-3

图2-5-4

图2-5-5

图2-5-6

图2-5-7

　　图2-5-6与图2-5-7均为树叶表面肌理的拓印，前者为黑白效果，后者为彩色表现。

　　3．自流法

　　自流法是将油漆或油画色滴入水中，以纸吸入也可将颜色滴在较光滑的纸上，将颜色自由流淌或用气吹，形成自然的纹理。（图2-5-8、图2-5-9所示）

图2-5-8

图2-5-9

图2-5-8为水墨自流法，图2-5-9为吹流法，两者所出现的效果都无法预计，偶然性非常强。

4. 印刷或自印法

印刷或自印法是用丝网版、石版、铜版、木版等效果综合制作。（图2-5-10所示为自印法肌理）

5. 拼贴法

拼贴法是将各种纸材和其他平面材料通过分割，组合在一张画面上。（图2-5-11所示为拼贴法肌理）

图2-5-10

图2-5-11

6. 熏炙法

熏炙法是用火焰熏炙使纸的表面产生的一种自然纹理。（如图2-5-12、图2-5-13为宣纸熏炙法产生的自然纹理）

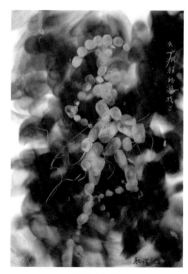

图2-5-12 图2-5-13

二、触觉肌理

用手抚摸有凹凸感觉的肌理为触觉肌理。光滑的肌理能给人以细腻、滑润的手感，如玻璃、大理石；坚硬的肌理形态能给人刺痛的感觉，如金属、岩石；木质的肌理能给人纯朴、亲切、无华的感觉，使人恬静。

1. 自然的肌理

自然的肌理是指现有的材料，如木、布、纸、绳、玻璃、金属、建材等在没有加工的情况下所形成的肌理。

2. 创造的肌理

创造的肌理是将原有材料的表面经过加工改造，与原来触觉不一样的一种肌理形式。通过雕刻、压揉、烤烙等工艺，再进行排列组合。

肌理在现代产品设计、商业设计、纺织品设计、室内外建筑设计中，是不可缺少的元素。肌理应用的恰当，可以使造型更具有魅力。另外肌理的构成形式可以与重复、渐变、放射、变异、对比、重像等形式综合运用。（如图2-5-14、图2-5-15所示为创造的肌理）

图2-5-14 图2-5-15

　　肌理是形象的表面特征，其加工制作手段很多，要进行不断的实验，不断地探索，才能创造出各种各样的形态。简单易行的加工表现方法有：拓印法、墨纹法、滴流法、吹色法、喷刷法、压印法、拼贴法、湿润法、笔触的变化、绘写法、印染、纸张加工、渗开或枯笔技法、纹理涂擦技法、大理石纹表现技法、蜡色法、叶脉法、撒盐法、刻刮等。（如图2-5-16、图2-5-17、图2-5-18、图2-5-19所示）

图2-5-16　墨纹法　　　　　　　　　　　图2-5-17　拓印法

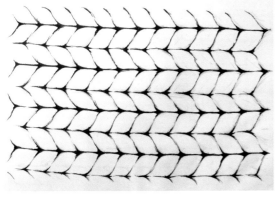

图2-5-18　绘写法　　　　　　　　　　　图2-5-19　拼贴涂搽法

小结

　　平面构成从抽象形态开始，将一个事物还原为点、线、面、体，再由点、线、面、体分头展开形态组合、形态变异。在形态认识的基础上，论述了形态是由哪些系统要素构成的以及各个要素之间的结构关系。本章节平面构成的骨格则是从造型要素和构成方法两方面出发，讨论二维平面中所表现的巧妙构造和愉快画面，目的在于创造艺术和设计上所需要的有趣形态，激发设计师的设计灵感，并把这些形态巧妙的配置在指定的空间当中。本章的重点是从形态认知的角度来学习形态构成，并将其合理的应用到服装设计领域。

思考与练习

1. 以简图形式说明作用性骨格和无作用性骨格的相同点和相异点。
2. 简要说明平面构成当中的骨格的作用。
3. 自选基本形，应用有规律性骨格的一种（重复、近似、渐变、放射、变异等骨格中任选一种）构成具有机械秩序美感的平面图案一幅。尺寸为 A4 大小纸版面，以黑白正负形表现。
4. 应用平面构成中骨格的原理，在服装设计中加以体现。

第三章　色彩的基本知识

第一节　色彩的基本概念

一、色彩的科学依据

　　人们之所以可以看到各种颜色主要是人的视觉器官将自然界的各种光反射到人的眼睛里。想要了解色彩就必须先从色彩的依据入手，研究人的视觉原理及各种光原理。这些理论框架将有助于人们更好的研究色彩。

1. 视觉原理

　　眼睛是人们观察分析色彩的主要工具。只有了解眼睛的成像原理，才可以更好的分析色彩的形成。

　　眼睛是由许多细小部分组成的复杂器官，而每部分对于正常的视觉都是至关重要的（如图3-1-1眼睛结构图）。清晰的视觉取决于眼睛各部分共同协调的工作。人能看到一个具体的物体如树木，是通过光把树木反映到人的眼睛，光强的时候，瞳孔就收缩到大头针头大小，以控制过多的光进入。光弱的时候，瞳孔就放大以便进入更多的光。健康的眼睛，根据物体的远近自动调节，能清晰地观看。

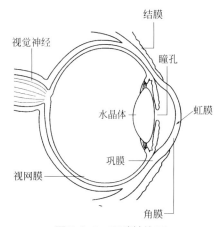

图3-1-1　眼睛结构图

2. 光与色彩感觉

　　光是色彩的重要来源，没有光也就没有色彩。光与色相辅相成，缺一不可。有光才可以看到色彩；没有色彩，谈论光线也无从说起。在漆黑的暗室，我们什么色彩也感觉不到。所以说光是色彩的先决条件，色彩是光的表现。

（1）光　光在物理学上是一种电磁波。早在 17 世纪，牛顿通过三棱镜将阳光分解，确立了光线中的基础色：红、橙、黄、绿、青、蓝、紫。这几种光通过三棱镜的聚合又可以重新还原为白光。从 0.39 微米到 0.77 微米波长之间的电磁波，才能引起人们的色彩视觉感觉。此范围称为可见光谱。波长大于 0.77 微米称红外线，波长小于 0.39 微米称紫外线。

光是以波动的形式进行直线传播的，具有波长和振幅两个因素。不同的波长长短产生色相差别。不同的振幅强弱大小产生同一色相的明暗差别。

光在传播时有直射、反射、透射、漫射、折射等多种形式。光直射时直接传入人眼，视觉感受到的是光源色。当光源照射物体时，光从物体表面反射出来，人眼感受到的是物体表面色彩。当光照射时，如遇玻璃之类的透明物体，人眼看到是透过物体的穿透色。光在传播过程中，受到物体的干涉时，则产生漫射，对物体的表面色有一定影响。如通过不同物体时产生方向变化，称为折射，反映至人眼的色光与物体色相同。

（2）色彩感觉　色彩感觉就是视网膜对不同波长光的感受性。视网膜可以感受到色彩必须具备：光、能够反射光的物体和观察者的眼睛。

固有色是物体在标准日光下所呈现的色彩。（如图 3-1-2 荷花在自然光下呈现的色彩，图 3-1-3 建筑物在自然光下呈现的色彩）我们所见到的物体，都处在某种光源的照射和环境色彩的影响之中，物体的固有色都或多或少的受到改变，只有充足光照下的物体亮部的中间色部位，才较多的呈现出物体的固有色。光照反射弱的物体，如呢绒、毛玻璃等，大多数情况下其固有色较强；对光照反射强的物体，如瓷器、玻璃、不锈钢等，其固有色较弱。

图3-1-2　荷花在自然光下呈现的色彩　　　　图3-1-3　建筑物在自然光下呈现的色彩

物体色是在某种色光的照射下，物体所呈现的颜色（如图 3-1-4 山川在早霞的映射下呈现的色彩，图 3-1-5 帘洞内钟乳石经灯光照射呈现的色彩）。同一物体的物体色是随着光源色的变化而不相同的。自然界的物体五花八门、变化万千，它们本身虽然大都不会发光，但都具有选择性地吸收、反射、透射色光的特性。当然，任何物体对色光不可能全部吸收或反射，因此，实际上不存在绝对的黑色或白色。常见的黑、白、灰物体色中，白色的反射率是 64%～92.3%；灰色的反射率是 10%～64%；黑色的吸收率是 90% 以上。

图3-1-4　山川在早霞的映射下呈现的色彩　　　图3-1-5　帘洞内钟乳石经灯光照射呈现的色彩

二、色彩的分类

客观世界中的景物绚丽多彩，调色板上色彩变化无限，但如果将其归纳分类，基本可以分为三大类：原色、间色和复色。

原色是指不能透过其他颜色的混合调配而得出的"基本色"，即红、黄、蓝。这里所说的三原色是指颜色的三原色。通过研究表明，这三种颜色不能通过其余颜色的混合而得到，因此被称为原色。又叫第一次色、基色。

间色是由两种原色混合调配而成。如果把三原色称为第一次色的话，间色就可以叫第二次色。如红＋黄＝橙，黄＋蓝＝绿，红＋蓝＝紫，这橙、绿、紫便是间色。当然间色不止就这三种，如果两种原色在混合时各自所占分量不同，调和后就能形成较多的间色。

复色是原色和间色调和，或是间色与间色调和，形成的颜色叫复色，也叫第三次色。我们所见到日常生活中或者大自然中的各种色彩基本都是复色，所以说复色的运用最具广泛性。

第二节　色彩的混合

两种或两种以上的颜色混合在一起，构成与原色不同的新色称为色彩混合。我们将其归纳为三大类：加色混合、减色混合、空间混合。

一、加色混合

加色混合也称色光混合，即将不同色光混合到一起，产生出新的色光（如图3-2-1加色混合）。加色混合的特点是将所混合的各种色光的明度相加，混合的成分越多，混色的明度就越高。

将红、绿、蓝三种色光作适当比例的混合，大体上可以得到全部的色。而这三种色是其他色光无法混合出来的，所以被称为色光的三原色。如果将色光三原色两两混合，可以得到色光的三间色。红和绿混合成黄色光，绿与蓝混合成青色光，蓝与红混合成紫色光。混合得出的黄、青、紫为色光三间色，它们再混合成白色光。当不同色相的两色光相混成白色光时，相混的双方可称为互补色光。

加色混合是一种视觉混合，是由人的眼睛来完成的。通过加色混合，色光只改变色相和明度，纯度不变。加色混合被广泛应用于用舞台照明、摄影和电脑设计等领域。

二、减色混合

减色混合通常指物质的、吸收性色彩的混合，即色料混合。这里所说的色料包括颜料、涂料和染料等。由于色料和色光是不同的概念，所以色料的混合与色光的混合是截然不同的。

减色混合的特点恰恰与加色混合相反，混合后的色彩在明度、纯度上较之最初的任何一色都有所下降，混合的成分越多，混色就越暗越浊，最后呈黑色的状态。由于颜色不可能绝对纯净，因此混合后只能呈现黑灰的状态（如图3-2-2减色混合）。

色料的三原色为红（品红）、黄（柠檬黄）、蓝（湖蓝），它们可以混合出一切色彩，而其他色彩无法调和出这三种颜色，因此这三种色被称为三原色。三原色中两种不同的色料相混合可以产生橙（红加黄）、绿（黄加蓝）、紫（红加蓝）三种颜色，这三种颜色被称为间色。用三间色与相邻的三原色相混合，可以得到含灰的复色。两中间色相混合也可以得到复色。

染织色彩、涂料混合，绘画的色彩都属于减色混合。

图3-2-1　加色混合

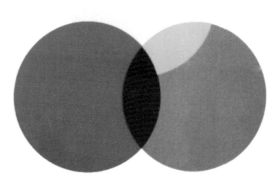

图3-2-2　减色混合

三、空间混合

空间混合即将不同的颜色穿插、并置在一起，当它们在视网膜上的投影小到一定程度时，就能在人的眼中造成混合的效果，以至人的眼睛很难将它们独立的分辨出来，这种混合称为空间混合。

空间混合的色彩效果丰富，具有一定的空间感。空间混合形成时，必须具备以下几点要求：色彩面积小；色块达到一定的数量，并相互穿插，并置；观看时必须有一定的空间距离。

空间混合的形式较多的运用在绘画，如莫奈的作品、纺织品设计、装潢等实用美术方面（如图3-2-3莫奈的作品《打阳伞的女人》，图3-2-4莫奈的作品《鲁昂大教堂》）。

图3-2-3　莫奈的作品《打阳伞的女人》

图3-2-4　莫奈的作品《鲁昂大教堂》

第三节　色立体

一、色彩的三属性

色彩具有三个基本属性，色相、明度以及纯度。如果要研究色彩就离不开对这三方面的研究与分析。色彩的三个属性相辅相成，缺一不可。研究色相就不能忽略到明度及纯度的影响。同样，研究其中任何一个方面都不能忽略其他两个方面。

1. 色相

色相是指色彩的相貌，是区别色彩种类的名称，是不同波长的光给人的不同的色彩感受。色相指示了一种颜色在色谱或色环中的位置。色环把处于可见光谱两个极端色即红色与紫色在色环上连接起来，使色相系列呈现循环的秩序。如：红、橙、黄、绿、青、蓝、紫等颜色的种类变化就叫色相（如图3-3-1色环图）。

图3-3-1　色环图

2. 明度

明度是指色彩的明暗程度，对光源色来说可以称为光度，对物体色来说除了称明度之外还可称亮度、深浅程度等。颜色有深浅、明暗的变化。比如，深黄、中黄、淡黄、柠檬黄等黄颜色在明度上就不一样，紫红、深红、玫瑰红、大红、朱红、橘红等红颜色在亮度上也不尽相同。这些颜色在明暗、深浅上的不同变化，也就是色彩的又一重要特征——明度变化。

在无彩色系中，白色明度最高，黑色反之。在有彩色系中，黄色明度最高，紫色明度最低。

3. 纯度

纯度指色彩的纯净程度，也可以说是色相感觉明确及鲜灰的程度，还有艳度、浓度、彩度、饱和度等说法。原色是纯度最高的色彩。颜色混合的次数越多，纯度越低，反之，纯度越高。原色中混入补色，纯度会立即降低、变灰（如图3-3-2纯度变化）。

图3-3-2　纯度变化

二、色立体

色立体是依据色彩的色相、明度、纯度变化关系，借助三维空间，用旋围直角坐标的方法，组成一个类似球体的立体模型。它的结构类似地球仪的形状，北极为白色，南极为黑色，连接南北两极贯穿中心的轴为明度标轴，北半球是明色系，南北半球是深色系。色相环的位置在赤道线上，球面一点到中心轴的垂直线，表示纯度系列标准，越近中心，纯度越低，球中心为正灰。

色立体有多种，主要有美国蒙赛尔体系、德国奥斯特瓦尔德体系、日本色研色体系等。

1. 蒙赛尔体系

蒙赛尔体系初创于1905年，以蒙赛尔的著名论文《颜色表示法》为标志。1915年确立其表色系，以蒙赛尔的另一篇著名论文《蒙赛尔颜色制图谱》为标志。蒙赛尔在其论文中指出："音乐按照音符的音高、强度和节拍建立了自己的系统……颜色也应该按照人的色感知，即色相，明度和彩度建立自己的系统。"1927年，蒙赛尔出版了其《蒙赛尔颜色簿》，1940年，美国光学学会的测色委员会将此书加以修正，于1943年发表《修正赛塞尔色彩体系》，遂成为美国的工业标准。其后，蒙赛尔体系又经过美国国家标准局和光学学会的多次反复修订，逐渐被色彩界公认为标准色。成为世界三大著名色彩体系之一（如图3-3-3蒙赛尔体系，图3-3-4蒙赛尔体系结构图）。蒙赛尔系统是用物理量表述色彩系统的代表。我国的色彩国家标准也是基于蒙赛尔体系的。

蒙赛尔体系由红（R）、黄红（YR）、黄（Y）……10个主要色相组成，每个色相又划分为10个等分，其中5为主要色相（如标准的红是5R、黄是5Y），共分100个色相。蒙赛尔体系的中心轴（N）由下到上为：黑→灰→白的明暗系列构成，并以此为彩色系各色的明度标尺，以黑（BK或BL）为0级，而白（W）为10级，共11级明度。中心轴至表层横向水平线为纯度轴，以渐增的等间隔均分为若干纯度等级，由于纯色相中各色纯度值高低不一，这就使色立体中各纯色相与中心轴水平距离长短不一（如图3-3-5蒙赛尔体系纵图）。

 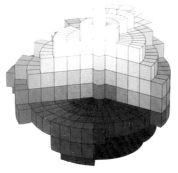 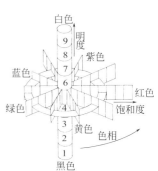

图3-3-3 蒙赛尔体系　　图3-3-4 蒙赛尔体系结构图　　图3-3-5 蒙赛尔体系纵图

2．奥斯特瓦尔德体系

奥斯特瓦尔德（1853～1952），是德国的物理化学家，因创立了以其本人为名字的表色空间，而获得诺贝尔奖金。

奥斯特瓦尔德体系的基本色相为黄、橙、红、紫、蓝、蓝绿、绿、黄绿8个主要色相，每个基本色相又分为3个部分，组成24个分割的色相环，从1号排列到24号。他将明度从0.891-0.035分成8份，分别用a、c、e、g、i、l、n、p表示，每个字母分别表示含白和含黑量。奥斯特瓦尔德体系以明暗系列为中心轴，并以此作为三角形的一条边，其顶点为纯色，上端为明色，下端为暗色，位于三角中间部分为含灰色。各个色的比例为：纯色量＋白＋黑＝100％（如图3-3-6奥斯特瓦尔德体系）。

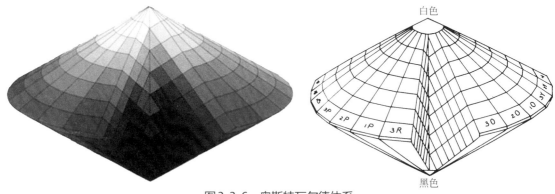

图3-3-6 奥斯特瓦尔德体系

3．日本色研色体系

日本色研色体系是由财团法人色彩研究所于1951年创制，它由24面半圆形有机玻璃贴附色标竖立体环绕构成，每面半圆形为等色相面。其基本结构由蒙赛尔体系演化而成。

日本色研色体系的色相环为24个色相。以红、橙、黄、绿、蓝、紫6色为基础，每两色之间加上三个过渡色构成24色相环，顺时针排列。日本色研色体系的色相环补色不在直径的两端，略偏斜。

小结

　　色彩的性质直接影响我们的感情，当观看艺术作品的时候，我们之所以喜欢某种色彩配合，是因为这种色彩配合引起了我们感情上的共鸣。色彩不仅是引起审美愉快的形式要素，也是最有表现力的要素之一。本章通过对色彩的基本概念、色彩的混合和色立体的讲解，使我们在进行服装设计时，合理地运用色彩三要素。使服装设计作品既符合色彩构成的美学法则，又具有一定的创新、与众不同的风格。

思考与练习

1. 举例说明色彩混合中加色混合、减色混合、空间混合的现实意义。
2. 分析、研究服装设计大师设计作品中运用色彩三要素的设计案例。

第四章　色彩的对比与调和

本章要点

- 色彩的对比
  以色彩对比为主的构成：
- 色彩调和的方法
  实例中的应用。

　　对比与调和是我们进行色彩设计时，获得美的色彩效果的一条重要原则。如果色彩对比杂乱，失去调和统一的关系，在视觉上会产生失去稳定的不安定感，使人烦躁不悦；相反，缺乏对比因素的调和，也会使人觉得单调乏味，不能发挥色彩的感染力。因此，对比与调和是色彩运用中非常普遍而重要的原则。要掌握对比与调和的色彩规律，首先应了解对比与调和的概念和含义及其表现方式和规律。

第一节　色彩的对比

一、色彩对比的概念

　　色彩对比指两个以上的色彩，以空间或时间关系相比较，能比较出明确的差别时，这些色彩之间的相互关系就称为色彩的对比关系，即色彩对比。对比的最大的特征就是产生比较作用，有时甚至发生错觉。色彩间差别的大小，决定着对比的强弱，差别是对比的关键。

　　每一个色彩的存在，必具备面积、形状、位置、肌理等因素。对比的色彩之间存在面积的比例关系，位置的远近关系，形状、肌理的异同关系。这四种存在方式及关系的变化，对不同性质与不同程度的色彩对比效果，都会给予非常明显的和不容忽视的独特影响。根据对比的形式的不同，我们将其分为同时对比和连续对比两种。

　　1. 同时对比

　　在同一空间，同一时间所看到的色彩对比现象叫同时对比。

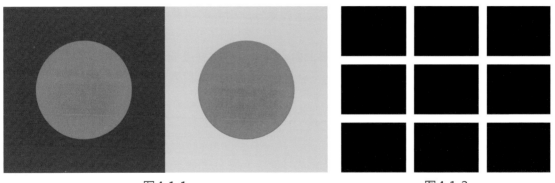

图4-1-1　　　　　　　　　　　　　　　　　　　图4-1-2

从图4-1-1我们可以看到：纯度、明度相同的红色圆点，在暗红色的背景下给人的感觉趋向橙色；而在绿色的背景下，则显得更红了。而图4-1-2中，在每四块黑方角相对空白的十字交叉中心，视觉会看到灰色方块，原因是黑方块的黑边将间隔的空白地带向更白色度推，这样使得白十字交叉中心无黑色对比，显得十字交叉处的左右上下都比它亮，故中心就会显现灰色。这些现象均为与邻接色彩同时对比时所引起的。同时对比的特征如下：

① 在同时对比中，两个邻接的色彩彼此影响显著，尤其是边缘。

② 对比色彩为补色关系时，两个颜色的纯度在视觉上增高，显得更为鲜艳。

③ 高纯度的色彩与低纯度的色彩相邻接时，高纯度的色彩显得更鲜艳，而低纯度的色彩则显得更灰。

④ 高明度与低明度的色彩相邻接时，明度高的色彩明度显得更高，明度低的色彩明度则显得更低。

⑤ 两不同的色相相邻接时，会分别把各自的补色残像加给对方。

⑥ 两色面积、纯度相差悬殊时，面积小的，纯度低的色彩将处于被诱导的地位，受对方的影响大。

⑦ 无彩色与有彩色之间的对比，有彩色的色相不受影响，而无彩色（黑、白、灰）有较大的变化，使无彩色各有彩色的补色变化。

2. 连续对比

眼睛把先看到的色彩的补色残像加到后看物体色彩上面的这种对比的关系称为连续对比。

如图4-1-3所示，将目光集中在中央的黑色十字上，停顿至20秒左右，再将目光移至下方的十字上。此时会在白底色上出现画面上方红色圆形及绿色圆形的残相，残相色彩是原

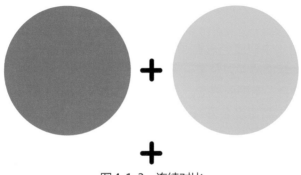

图4-1-3　连续对比

有色彩的补色。这种视觉残相是由于视觉生理条件所引起的，属于色彩的连续对比。连续对比具有以下两个特征：

① 把先看色彩的残像加到后看色彩上面，纯度高的比纯度低的色彩影响力强。

② 如先看色彩与后看色彩恰好是互补色时，则会增加后看色彩的纯度，使之更鲜艳，其影响力以红和绿为最大。

二、以对比为主的色彩构成

在色彩对比中，色彩三属性以及色彩的冷暖、色彩的面积五种对比形式在以对比为主的色彩构成中有着重要的地位。

1. 明度对比为主构成的色调

我们将因为明度差别而形成的色彩对比称为明度对比。

明度对比在色彩构成中占有重要位置，是决定色彩方案感觉明快、清晰、沉闷、柔和、强烈、朦胧与否的关键。色彩的层次感、立体感、空间关系主要靠色彩的明度对比来实现。只有色相的对比而无明度对比，图案的轮廓形状难以辨认；只有纯度的对比而无明度的对比，图案的轮廓形状更难辨认。日本色彩学专家大智浩曾说过，色彩明度对比的力量要比纯度大三倍，可见色彩的明度对比是十分重要的。

色彩明度对比的强弱取决于色彩在明度上的等差色级数，通常把0～3划为低明度区，4～6划为中明度区，7～10划为高明度区（如图4-1-4）。在进行色彩组合时，当配色明度差在3级以内的组合称为短调，是明度弱对比。当明度差在5级以上时为长调，是明度强对比。在3～5级时则为中调，称为明度中对比。

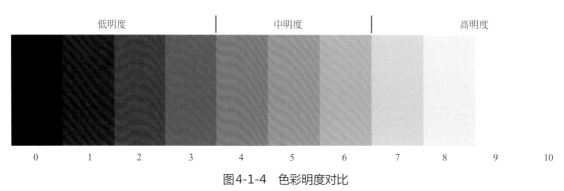

图4-1-4　色彩明度对比

以低明度色彩为主（低明度色彩在画面面积上占绝对优势，即面积在70%左右时）构成低明度基调。低明度基调给人感觉为沉重、浑厚、强硬、刚毅、神秘，也可构成黑暗、阴险、哀伤等色调。

以中明度色彩为主（中明度色彩在画面面积上占绝对优势，即面积在70%左右时）构成中明度基调。中明度基调给人以朴素、稳静、老成、庄重、刻苦、平凡的感觉。如运用不恰当，可造成呆板、贫穷、无聊的感觉。

以高明度色彩为主（高明度色彩在画面面积上占绝对优势，即面积在70%左右时）构成高明度基调。高明度基调会使人联想到晴空、清晨、朝霞、昙花、溪流、化妆品等。这种明亮的色调给人的感觉是轻快、柔软、明朗、娇媚、纯洁。如运用不恰当，会使人感觉疲劳、冷淡、柔弱、病态。

据此可划分为9种明度对比基本类型：高长调、高中调、高短调（如图4-1-5），中长调、中中调、中短调（如图4-1-6），低长调、低中调、低短调（如图4-1-7）。另外，还有一种最强对比的0：10最长调，感觉强烈、单纯、生硬、锐利、眩目等。

以9种明度对比为主构成的色调作品（如图4-1-8、图4-1-9所示）。

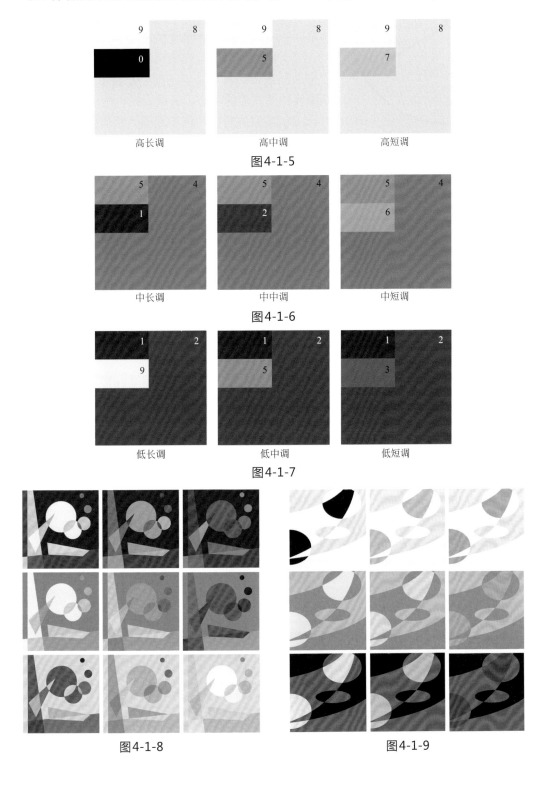

图4-1-5

图4-1-6

图4-1-7

图4-1-8　　　　　　　　　　　　　图4-1-9

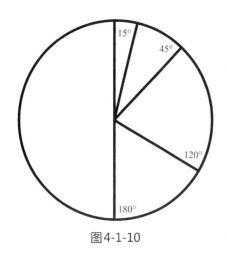

图4-1-10

2. 色相对比为主构成的色调

色相对比是因色相之间的差别而形成的对比。各色相由于在色相环上的距离远近不同，而形成不同的色相对比（如图4-1-10）。理论上，单纯的色相对比只有在对比的色相之间明度和纯度相同时才存在。高纯度的色相之间的对比不能离开明度和纯度的差别而存在。

（1）同色相对比　在色相环上距离在15°以内的色彩称为同色相，其之间差别很小，基本相同，只能构成明度及纯度方面的差别，是最弱的色相对比。

（2）类似色对比　色相之间的距离为45°左右为类似色，属于色相弱对比。因色相之间含有共同的因素，比同一色相对比明显、丰富、活泼。因而既显得统一、和谐、雅致，又略显变化。类似色相含有共同的色素，具有单纯、统一、柔和、主色调明确等特点，同时又具有耐看的优点。但如不注意明度和纯度的变化，也易产生单调之感，若运用小面积作对比色或以灰色作点缀色可以增加色彩生气。

（3）对比色对比　色相之间的距离在120°左右为对比色，比类似色对比鲜明、明确、饱满、丰富、强烈，是色相强对比。对比效果鲜明，使人兴奋、激动、不易单调，处理得当可构成极具审美的色彩搭配。处理不好，则容易显得杂乱。

（4）互补色对比　色相之间的距离在180°左右为互补色，对比效果极其强烈、丰富、完美，具有刺激性，是最强的对比。如红与蓝绿、黄与蓝紫、绿与红紫、蓝与橙黄等。

互补色相配，能使色彩对比达到最大的鲜艳程度，强烈刺激感官，从而引起人们视觉上的足够重视，从而达到生理上的满足。因此，中国传统配色中有"红间绿，花簇簇。红配绿，一块玉"的说法。现代色彩学家伊登说："互补色的规则是色彩和谐布局的基础，因为遵守这种规则会在视觉中建立起一种精神的平衡。"互补色对比运用得当，会取得视觉生理上的平衡，既互为对立又互为需要。但运用不当，会产生过分刺激、不含蓄、不雅致之感。

以4种色相对比为主构成的色调作品（如图4-1-11～图4-1-13所示）。

图4-1-11　　　　　　　　图4-1-12　　　　　　　　图4-1-13

在色相对比中，任何一个色相都可为主色相，与其他色相组成类似、对比、互补关系。一般说来在以色相对比为主构成的色调中，凡是关系清楚的搭配，都能构成美的色彩关系。

在色相对比中，当你心目中的主色相确定之后，必须清楚其他色彩的运用与主色相是什么关系，是要表现什么内容、感情，这样才能增强构成色调的计划性、明确性与目的性，使配色能力有所提高。

3. 纯度对比为主构成的色调

把不同纯度的色彩相互搭配，根据纯度之间的差别而形成不同纯度的对比关系即纯度对比。

纯度对比强弱取决于纯度差，如图4-1-14所示，我们将0～3区划为低纯度区，中纯度区为4～6，7～10为高纯度区。相差3级以内为纯度弱对比，3～5级为纯度中对比，而相差5级以上为纯度强对比，是纯度差最大的对比。

以高纯度色彩在画面面积占70％左右时，如图4-1-15所示，构成高纯度基调，即鲜调。高纯度基调给人的感觉积极、强烈而冲动，有膨胀、外向、快乐、热闹、生气、聪明、活泼的感觉。如运用不当也会产生残暴、恐怖、疯狂、低俗、刺激等效果。

中纯度色彩在画面面积占70％左右时，如图4-1-16所示，构成中纯度基调，即中调。中纯度基调给人的感觉是中庸、文雅、可靠。如在画面中加入5％左右面积的点缀色就可取得理想的效果。

以低纯度色彩在画面面积占70％左右时，如图4-1-17所示，构成低纯度基调，即灰调。低纯度基调给人感觉为平淡、消极、无力、陈旧，但也有自然、简朴、耐用、超俗、安静、无争、随和的感觉。如应用不当时会引起肮脏、土气、悲观、伤神等感觉。

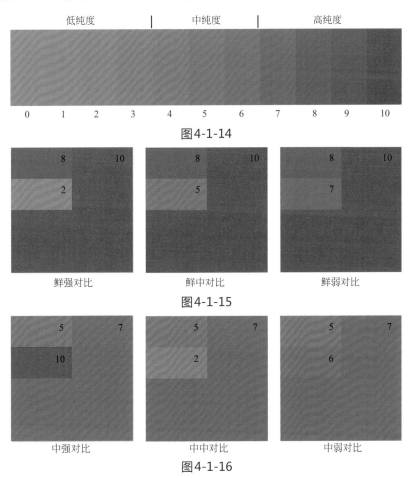

图4-1-14

图4-1-15

图4-1-16

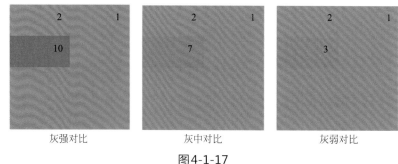

灰强对比	灰中对比	灰弱对比

图4-1-17

以9种纯度对比为主构成的色调作品（如图4-1-18、图4-1-19所示）。

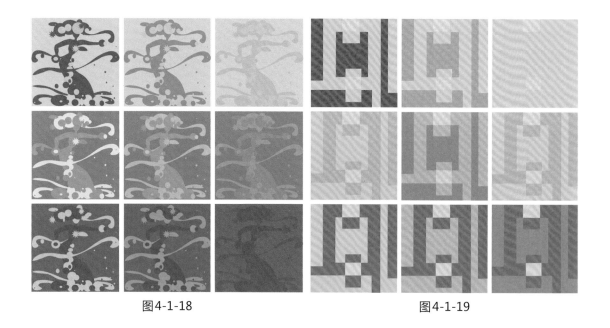

图4-1-18   图4-1-19

在色彩应用中，单纯的纯度对比很少出现，主要表现为包括明度、色相对比在内的以纯度为主的对比。明度对比、色相对比、纯度对比是最基本最重要的色彩对比形式，在实践中很少以单一对比的形式出现，绝大部分是以明度、色相、纯度综合对比的形态出现。

4. 冷暖对比为主构成的色调

因色彩感觉的冷暖差别而形成的对比为冷暖对比。冷暖本来是人们的皮肤对外界温度高低的感觉。太阳、炉火、火炬、烧红的铁块等本身温度很高，他们反射出的红橙色光有导热的功能，人的皮肤也会被它们射出的光照得发热。大海、蓝天、远山、雪地等环境，是反射蓝色光最多的地方，蓝光不导热，而有吸热的功能，这些地方总是冷的。这些是人们生活经验和印象的积累，使人的视觉、触觉及心理活动之间有一种特殊的类似条件反射的下意识的印象联系，视觉变成了触觉的先导。如图4-1-20、图4-1-21所示，看到红橙色都会想到和感到应当是热的，心里也感到温暖和愉快；看到蓝色，心里会产生冷的感觉，似乎皮肤也感觉凉爽。

图4-1-20　　　　　　　　　　　　　图4-1-21

关于色彩的冷暖，我国早在南北朝时就已经有了研究与探索，南朝梁元帝萧绎在他的《山小松石格》中谈到"炎绯寒碧，暖日凉星"，这也许是我国古人对色彩冷暖认识的最早论述。从色彩本身的功能来看，红、橙、黄能使观者心跳加快，血压升高，所以使人产生热的感觉。而蓝、蓝紫、蓝绿能使人血压降低，心跳减慢产生冷的感觉。色彩的冷暖感觉是物理、生理、心理及色彩本身综合性因素所决定的。

在色彩冷暖对比中，橙色为最暖色，定为暖极。蓝色为最冷色，定为冷极。而橙与蓝正好为一组互补色，即色相对比中的补色对比。冷暖对比实为色相对比的又一种表现形式。从色彩物理、生理、心理的角度来分，橙、红、黄为暖色。蓝、蓝绿、蓝紫为冷色。可是如果从对比的角度来分则为凡是离暖极越近的色越暖。凡是离冷极越近的色越冷（如图4-1-22）。

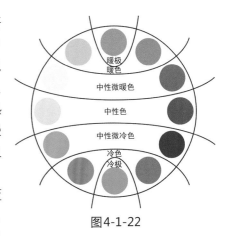

图4-1-22

以冷暖对比为主构成的色调，其中冷色基调给人感觉寒冷、清爽、空气感、空间感，暖色基调给人感觉热烈、热情、刺激、有力量、喜庆等。

5. 面积对比为主构成的色调

面积对比是指各种色彩在画面构图中所占面积比例多少而引起的明度、色相、纯度、冷暖对比。

（1）面积构成色调　以高明度色面积占绝对优势可构成高明度基调，以中明度色面积占绝对优势可构成中明度基调，以低明度色面积占绝对优势可构成低明度基调。以高纯度色面积占绝对优势可构成鲜调，以中纯度色面积占绝对优势可构成中纯度基调，以低纯度色面积占绝对优势可构成灰调。以暖色面积占绝对优势可构成暖色调，以冷色面积占绝对优势可构成冷色调。

（2）色彩对比与面积的关系（如图4-1-23所示）

① 当两个同形同面积的图形涂以相同的颜色时，由于两图形的面积一样大颜色相同，所以对比弱。

② 当两个面积大小不等的两个图形涂上相同的颜色时，则两个图形对比强烈。

③ 当两个同形同面积的图形涂以不同色相的颜色，变成了互补色的强烈对比。

④ 当两个面积大小不等的图形涂以不同色相的颜色，因面积的对比悬殊，两色对比效果削弱。

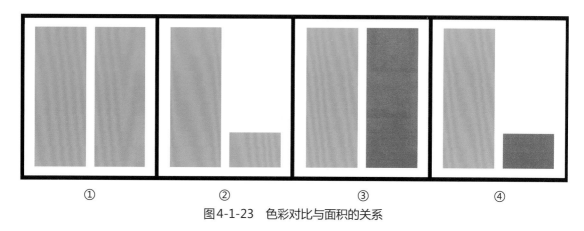

图4-1-23　色彩对比与面积的关系

综上所述，我们可以看到，颜色不同时，当双方面积在1∶1时色彩的对比效果最强，当双方面积相差悬殊时色彩的对比效果弱。当颜色相同时，双方面积在1∶1时对比效果最弱，双方面积对比悬殊时色彩对比效果强。可见面积对比与色彩对比在画面中可互为弥补，相辅相成。

第二节　色彩的调和

一、色彩调和的概念

色彩调和是指两个或两个以上的色彩，有秩序、和谐地组织在一起，能使人心情愉快、喜欢、满足等的色彩搭配称为色彩调和。调和与对比都是构成色彩美感的重要因素。通过色彩调和，使两个或两个以上的色彩呈现出平衡、协调、统一的状态。色彩配色是否调和，关键在于色彩关系的调配是否恰到好处。

二、色彩调和的原理及方法

色彩的对比是绝对的，调和是相对的，对比是目的，而调和是手段。学习色彩调和的意义在于当色彩的搭配不调和时，用什么办法经过调整而使之调和。当进行色彩设计时，根据色彩调和的理论，灵活自由地构成美的和谐的色彩关系。下面介绍一下主要的调和原理及方法。

1. 同一调和构成

同一调和构成是指选择同一性很强的色彩组合，或增加对比色各方的同一性，避免或削弱尖锐刺激感的对比，取得色彩调和的方法。通常来说，同一调和包括以下几种。

（1）同色相调和　同色相调和指在蒙赛尔色立体、奥斯特瓦德色立体中，同一色相页上各色的调和。由于只有明度和纯度的差别，色相相同，搭配会给人以简洁、爽快、单纯的美感。除过分接近的明度差、纯度差以及过分强烈的明度差外，均能取得极强的调和效果。

（2）同明度调和　同明度调和指在蒙赛尔色立体同一水平面上各色的调和。由于同一水平面上的各色只有色相、纯度的差别，明度相同，所以除色相、纯度过分接近而模糊或互补色相之间纯度过高而不调和外，其他搭配均能取得含蓄、丰富、高雅的调和效果。

（3）同纯度调和　同纯度调和指在蒙赛尔色立体、奥斯特瓦德色立体上同色相同纯度的调和与各不同色相同纯度的调和。前者只表现明度差，后者既表现明度差又表现色相差。除色相差、明度差过小过分模糊以及纯度过高互补色相过分刺激外，均能取得审美价值很高的调和效果。

（4）非彩色调和　非彩色调和指蒙赛尔、奥斯特瓦德色立体的中轴即无纯度的黑、白、灰之间的调和。只表现明度的特性，除明度差别过小过分模糊不清及黑白对比过分强烈外均能取得很好的调和效果。黑、白、灰与其他有彩色搭配也能取得调和感很强的色彩效果。

（5）常用的同一调和方法

① 混入白色调和。在强烈刺激的色彩双方，或多方（包括色相、明度、纯度过分刺激）混入白色，使之明度提高，纯度降低，刺激力减弱。混入的白色越多调和感越强（如图4-2-1所示）。

② 混入黑色调和。在尖锐刺激的色彩双方或多方混入黑色，使双方或多方的明度、纯度降低，对比减弱，双方混入的黑色越多，调和感越强（如图4-2-2所示）。

③ 混入同一灰色调和。在尖锐刺激的色彩双方或多方，混入同一灰色，实则为在对比色的双方或多方同时混入白色与黑色，使之双方或多方的明度向该灰色靠拢，纯度降低，色相感削弱，双方或多方混入的灰色越多调和感越强（如图4-2-3所示）。

④ 混入同一原色调和。在尖锐刺激的色彩双方或多方，混入同一原色（红、黄、蓝任选其一），使双方或多方的色相向混入的原色靠拢（如图4-2-4所示）。

⑤ 混入同一间色调和。混入同一间色调和是在强烈刺激色的双方或多方混入两原色（因为间色为两原色相混而成），在增强对比双方或多方的调和感方面与混入同一原色调和的作用一样。

 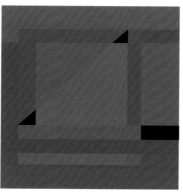 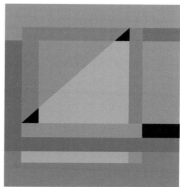

图4-2-1　混入白色调和　　　图4-2-2　混入黑色调和　　　图4-2-3　混入同一灰色调和

⑥ 互混调和。在强烈刺激的色彩双方，使一色混入其中的另一色，如红与绿，红色不变，在绿色中混入红色，使绿色也含有红色的成分，使之增加同一性。也可以双方互混（如图4-2-5所示）。

⑦ 点缀同一色调和。在强烈刺激的色彩双方，共同点缀同一色彩，或者双方互为点缀，或将双方之一方的色彩点缀进另一方，都能取得一定的调和感。

⑧ 连贯同一色调和。在色彩运用中大家都有这样的体会，当对比的各个色彩过分的强烈刺激或色彩过分的含混不清时，显得十分不调和，为了使画面达到统一调和的色彩效果，我们用黑、白、灰、金、银或同一色线加以勾勒，使之既相互连贯又相互隔离而达到统一（如图4-2-6所示）。

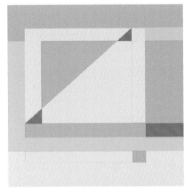

图4-2-4 混入同一原色调和

图4-2-5 互混调和

图4-2-6 连贯同一色调和

图4-2-7 秩序调和

2．秩序调和构成

秩序调和构成是把不同明度、色相、纯度的色彩组织起来，形成渐变的，或有节奏、有韵律的色彩效果，使原来对比过分强烈刺激的色彩关系柔和起来，使本来杂乱无章的色彩变得有条理、有秩序、和谐统一起来的方法称为秩序调和（如图4-2-7所示）。

（1）明度秩序调和 明度秩序调和即黑、白、灰的秩序，将黑色逐渐加白，可构成明度渐变，由黑到白之间所分等级越多，调和感越强。

以明度秩序为主的调和包括纯色加白（如图4-2-8所示）和纯色加白又加黑（如图4-2-9所示），可构成以明度为主的渐变（因其中包括纯度渐变），颜色与黑白之间等级分的越多，调和感越强。

（2）纯度秩序调和

① 同色相同明度的纯度秩序调和。即任选一纯色，再选一与之明度相同的灰色互混形成同明度的纯度秩序，可取得很调和的效果（如图4-2-10所示）。

② 同色相不同明度的纯度秩序调和。即任选一纯色，再选一与之明度不同的灰色互混开成不同明度的纯度秩序，也可取得调和感很强的色彩效果（如图4-2-11所示）。

（3）色相秩序调和 色相秩序调和即红、橙、黄、绿、蓝、紫所构成的色相秩序，无论高、中、低纯度秩序均能获得以色相为主的秩序调和。除此之外，还有补色秩序调和（如图4-2-12）、对比色相秩序调和（如图4-2-13）等形式。

图4-2-8 纯色加白

图4-2-9 纯色加白又加黑

图4-2-10 同色相同明度的纯度秩序调和

图4-2-11 同色相不同明度的纯度秩序调和

图4-2-12 补色秩序调和

图4-2-13 对比色相秩序调和

三、色彩的面积与色彩的调和

在观察、应用色彩的实践中，我们都会有这样的体会：面对着一大片红色时的感觉，与观看一小块红色的感觉是绝对不一样的。看大片红色会感到很刺激，不舒服。而看到一小块红色的时候，则会觉得很舒服，很鲜艳，很美。"万绿丛中一点红"就是一个最好的例子，红与绿在色彩上成补色对比，"万绿丛"指大面积的绿色；"一点红"则是指一小点的红色。这样的绿色和红色在面积上的悬殊对比，决定了画面的主色调是和谐统一的，却又有对比的因素。

我们再看图4-2-14，当小面积用高纯度的色彩，大面积用低纯度的色彩时，画面容易获得色感觉的平衡。由此看出色彩的调和与色相、明度、纯度和色彩在画面中所占面积和比例大小有关。

图4-2-14　色彩的面积与色彩的调和

小结

色彩是学习服装设计的重要内容之一，而对比与调和是色彩运用中非常普遍的、重要的原则。掌握色彩设计的对比与调和的技巧和方法，我们能够更好地挖掘和发挥色彩的潜在特质，使色彩设计作品具有一定的审美价值，对开展服装设计相关工作具有非常重要的作用和意义。

思考与练习

1. 什么是色彩对比？
2. 色彩调和的概念是什么？
3. 色彩调和的方法有哪些，并进行相应的练习。

第五章　服装配色的方法

本章要点

● 服装配色的原则；

● 服装配色的方法。

　　色彩能够给人以鲜明、快速、客观、明了而深刻的印象。实验证明，人的视觉器官在观察物体最初的20秒内，色彩感觉占80%，形体感觉占20%；2分钟后，色彩感觉占60%，形体感觉占40%；5分钟后，色彩感觉和形体感觉各占一半，并且这种状态将持续下去。

　　色彩对人的情感、生理有很大的影响，作为消费者在产生购买动机时，首先会被服装的色彩所吸引，而且每个人都有自己的色彩偏好，这种偏好通常并不会受到流行色彩的左右，即使一件衣服款式合适，但色彩是消费者所不喜欢的，那么很可能就会放弃购买。因此，服装的款式固然很重要，但是服装色彩会直接影响人们的购买欲，也直接关系到一个企业是否能够成功的将其产品销售并获取利润。虽然有很多服装品牌并不强调色彩的重要性，也不跟随色彩的流行趋势，但是也有很多服装公司非常注重色彩在整体服装风格中的重要性，在兼顾流行的同时，考虑品牌的市场定位，以及目标顾客群对色彩的偏好。

　　既然在构成服装美的众多要素中，色彩处于非常重要的位置，那么学习服装的色彩搭配也就显得非常重要了。合宜的服装色彩搭配，可使人显得端庄优雅、风姿卓著、增添信心，搭配不当则会使人显得不伦不类、俗不可耐。作为服装设计师掌握专业的色彩知识和服装色彩搭配知识是非常重要的，这将有利于开展自己的工作，更好的表达设计理念。

　　服装的色彩美是没有一个放之四海而皆准的定理和公式的，也许今天看起来搭配不好的色彩，明天却又成了时尚的象征，况且不同审美标准的人，对色彩搭配的美也有不同的理解，但是，在五彩斑斓的服色背后，的的确确存在着一些共同的原理，存在着一些具有指导性意义的配色美的原则和方法。

第一节　服装配色美的原则

在日常生活中，美是每一个人追求的精神享受。当你接触任何一件有存在价值的事物时，它必定具备合乎逻辑的内容和形式。当然由于人们所处经济地位、文化素质、思想习俗、生活理想、价值观念等不同而具有不同的审美观念。然而单从形式条件来评价某一事物或某一视觉形象时，对于美或丑的感觉在大多数人中间存在着一种基本相通的共识。这种共识是从人们长期生产、生活实践中积累的，它的依据就是客观存在的美的形式法则，我们称之为形式美法则。所谓的形式美的基本原理和法则其实就来自于对自然美加以分析、组织、利用并形态化了的反映，从本质上讲就是变化与统一的协调，它是一切视觉艺术都应遵循的美学法则，贯穿于包括绘画、雕塑、建筑等等在内的众多艺术形式之中。举一个简单的例子，中国有句古诗"万绿丛中一点红"，在这里我们并没有探讨绿是什么，红是什么，它可以代表任何东西，但是它所传达给我们的意境上的美其实就是形式美。在我们的视觉经验中，高大的杉树、耸立的高楼大厦、巍峨的山峦尖峰等，它们的结构轮廓都是高耸的垂直线，因而垂直线在视觉形式上给人以上升、高大、威严等感受；而水平线则使人联系到地平线、一望无际的平原、风平浪静的大海等，因而产生开阔、徐缓、平静的感受……这些源于生活积累的共识，使我们逐渐发现了形式美的基本法则。在西方自古希腊时代就有一些学者与艺术家提出了美的形式法则的理论，时至今日，形式美法则已经成为现代设计的理论基础知识。

服装配色美的原则遵循形式美的规则，形式美的原则主要有对比与调和、对称与均衡、节奏与韵律、强调等。

一、配色中的主次

主次是指多种要素相互之间的关系，是事物局部与局部，局部与整体之间呈现出的关系。

在服装配色中，要使众多的组合要素中各部分色彩之间产生整体的协调感，统一感，最主要是在众多的因素中明确一个主调，使之形成支配性色彩，而其他色彩都与他发生联系。做到主调明确，主次色彩相互关联和呼应。

在服装设计中既要表现出设计师的构思，追求款式、风格的变化，又要避免过分的各种元素的堆砌，这就要求设计时，各种元素和色彩的运用应有主次之分。如图5-1-1中整体的色调统一在米色调中，灰色和深灰色成为次要色。图5-1-2中虽然将多种材质面料组合在一起，但是都统一在白色的色调中，所以整体感觉协调，主调明确。图5-1-3中毛衣上的绿色在面积上占主导，处于次要的色彩是粉色调和蓝色调的花卉图案，配以绿色调的靴子，整体的服装色调主次分明。

图5-1-1　　　　　　　　　　　图5-1-2　　　　　　　　　　　图5-1-3

二、配色中的对称与均衡

自然界中到处可见对称的形式，如鸟类的羽翼、花木的叶子、人体等。对称的形态在视觉上有自然、安定、均匀、协调、整齐、典雅、庄重、完美的朴素美感，符合人们的视觉习惯，但也易产生平淡、呆板、单调、缺少活力等不良印象。在服装设计中运用对称法则要避免由于过分的绝对对称而产生单调、呆板的感觉，有的时候，在整体对称的格局中加入一些不对称的因素，反而能在视觉上有活泼的效果，避免了单调和呆板。

1. 配色中的对称

对称是一种形态美学构成形式。在中心对称轴左右两边所有的色彩形态对应点都处于相等距离的形式，称为色彩的左右对称，其色彩及形象如通过镜子反映出来的效果一样以对称点为中心，两边所有的色彩对应点都等距。这种平衡关系应用于服装中可表现出一种严谨、端庄、安定的风格，在一些军服、制服的设计中常常加以使用。如图5-1-4中设计师运用了军服的设计元素，肩章、兜，以及纽扣等均对称设计，整体效果庄重、严肃。在图5-1-5中，设计元素也以对称的形式出现，整体效果端庄、大方。

2. 配色中的均衡

均衡是力学上的名词，运用到服装上的色彩的均衡指色彩组织构成后，视觉上感觉到的一种力的平衡状态，或叫视觉上的平稳安定感，使色彩在分割布局上具有合理性和匀称性。配色中的均衡包括对称均衡、非对称均衡、其他均衡三种。

图5-1-4　　　　　　　图5-1-5

（1）对称均衡　由于人体是一种左右对称状态，因此服装一般也做成左右对称的款式，同时常常在这种对称款式上配置一些具有强弱、轻重变化对称性的色彩，这种均衡称之为对称均衡。

在图5-1-6中，虽然服装的设计是偏襟的，但是整体的状态仍然是平衡的，左右袖子的色彩安排、底摆的色彩安排都与服装上图案的色彩相协调，形成了视觉上的均衡。

（2）非对称均衡　虽然色彩呈现非对称形式，但同样可以表现出相对稳定的视觉感觉，这种关系就是非对称均衡。为了打破对称式平衡的呆板与严肃，追求活泼、新奇的着装情趣，不对称平衡则更多地应用于现代服装设计中，这种平衡关系是以不失重心为原则的，在静中有动，以获得不同凡响的艺术效果。如图5-1-7，上下装色调统一，但是上装采用了非对称的均衡手法，不仅是色彩的不对称，在结构形式上也采用了不对称的设计。在图5-1-8中，整体的服装采用了不对称的设计，色彩的设计也是不对称的，但是上衣的面料色调和底摆处采用了一致的面料，形成了非对称的均衡效果。在图5-1-9中，整体服装的主色调是白色，但是上衣前襟的形态是非对称的，形成了活泼、新奇的效果。

图5-1-6　　　　　　图5-1-7　　　　　　图5-1-8　　　　　　图5-1-9

（3）其他均衡 其他均衡包括服装色彩中的上下均衡和前后均衡的关系。如图5-1-10中上衣和下装都采用了深色，配以白色的装饰条，整体色调统一，上装和下装设计风格一致，面料相同，上下形成了均衡的关系。在图5-1-11中上衣采用红色调和绿色调的搭配，下装采用了绿色调和紫色调的搭配，整体感觉协调，形成上下均衡的色彩关系。

三、配色中的节奏与韵律

节奏一词来自音乐，指音乐中音的连续，音与音之间的高低以及间隔长短在连续奏鸣下反映出的感受，它是随着时间流动而展开，具有时间的形式和特征，故称之为时间性的节奏。视觉艺术中的雕塑、绘画及工艺美术设计等艺术是随着空间的广延而表现，具有空间的形式和特征，故又称之为空间性的节奏。

图5-1-10　　　　　图5-1-11

韵律原指音乐（诗歌）的声韵和节奏。诗歌中音的高低、轻重、长短的组合，匀称的间歇或停顿，一定地位上相同音色的反复及句末、行末利用同韵同调的音相加以加强诗歌的音乐性和节奏感，就是韵律的运用。有韵律的构成具有积极的生气，有加强魅力的能量。在视觉艺术中，点、线、面、体以一定的间隔、方向按规律排列，并由于连续反复运动就产生了韵律，是在节奏的基础上产生的韵律感，二者都是有秩序、有规律地反复和变化，是秩序性美感形式的一种。

服装色彩形态构成中的节奏感是通过色彩中的色相、明度、纯度、形状、位置、材料等方面的变化和反复，表现出有一定规律性、秩序性和方向性的运动感。如图5-1-12中，色彩由蓝色过渡到灰色，形成渐变的韵律效果。在图5-1-13中，灰色过渡到蓝色同样形成了渐变的节奏效果。

1. 渐变节奏

渐变节奏是指将色相、明度、纯度和一定的色形状、色面积，依照一定秩序进行等差级数或等比级数变化，色形状可由大至小或由小至大渐变，色彩上可由淡到深或由深到淡渐变，这样就可以产生类似音乐中的渐强、渐弱的渐变节奏（如图5-1-12、图5-1-13）。

图5-1-12　　　　　图5-1-13

2．重复节奏

重复节奏利用了色彩的变化，形成了的视觉特点活泼而多变，这种设计手法通过运用色彩的不同的明度、纯度、色相，可以形成截然不同的视觉效果。重复节奏分为连续重复节奏和交替重复节奏。

（1）连续重复节奏　连续重复节奏是将同一要素色彩进行几次连续反复，就能在视觉上造成具有动感的反复节奏。如图5-1-14中，黑色外衣上的灰色条纹和黑色裙子上的紫色条纹形成了连续重复的节奏感。

（2）交替重复节奏　交替重复节奏是将两个或两个以上的色彩要素或对比着的色彩要素进行方向、位置、色调、质感方面的交替变化。如图5-1-15中，上衣的灰色条纹和紫色裙子上的暗色条纹形成了连续重复的节奏感。在图5-1-15中上衣的几个色块以交替的形式出现，形成了视觉上的节奏感。在图5-1-16中，红色调的圆点图案和黄色调的圆点图案交替出现，活泼而有节奏感。在图5-1-17中，裙子上的白色、红色、橙色交替出现，形成了视觉上的节奏感。

图5-1-14　连续重复节奏

图5-1-15

图5-1-16

图5-1-17

3．动的节奏

动的节奏是一种不规则的、自由性的重复变化形式。节奏中的色形状、色位置、色面积以及色彩自身中明度、色相、纯度等的重复变化，是一种自由性、无规律性的构成。在图5-1-18中，衣服的底摆处设计了随意排列的条纹，色调不同，形成动的节奏。 在图5-1-19中，裙子上衣的色块和下摆处的色块面积不同、排列不同，各自形成不同的动感。在图5-1-20中，裙子下摆处的色条颜色、粗细不同，加上色条的随意排列形成了视觉上的动感。

| 图5-1-18 | 图5-1-19 | 图5-1-20 |

四、配色中的强调

　　色彩的强调指在同一性质的色彩中，适当加上不同性质的色，这就形成了强调的意味。被强调的因素是整体中最醒目的部分，它虽然面积不大，但却具有吸引人视觉的强大优势，在服装色彩配色中为了打破色彩视觉上配置的单调、平淡、乏味的状况，加入强调色，增强活力感觉，使其明显区别于其他色彩，起到画龙点睛的作用，这种配色能够很容易形成视觉的注意焦点。强调色在服装设计中，特别是在服装胸部、腰部、领口、肩部或衣摆、袖口较多，强调的因素可以通过位置方向的强调，材质肌理的强调，量感的强调等来表现。

　　通过在服装配色中设置突出的色彩，强调色调中的某个部分，打破整体色彩的单调感，从而使整个色调产生变化感、生动感，吸引观众的注意力，形成注目的视觉效果。在制服设计中，这是常用的手法之一。如在办公室文员的灰色套装中配上一条色彩鲜艳的领带或领花，就会一扫沉闷呆板的印象，给人以典型而神采奕奕的感觉。如图5-1-21中，白色的色调中加入了上衣金色的搭配，既是视觉上的焦点，也形成了整体色调的强调效果。在图

5-1-22中，上衣的褐色调中加入了绿色调，形成了配色中的强调效果。在图5-1-23中，裙子上的红色调形成了视觉上的强调作用，打破了裙子色调比较闷的感觉。

图5-1-21   图5-1-22   图5-1-23

强调重点色彩，必须用量适度，如果面积过大或强调的部位过多，易破坏整体，失去统一的效果。重点色彩的使用在适度和适量方面应注意如下几点：

① 重点色面积不宜过大，否则易与主调色发生冲突、抵消，而失去画面的整体统一感。面积过小，则易被四周的色彩所同化，不被人们注意而失去作用。只有恰当面积的重点色，才能为主调色作积极的配合和补充，使色调显得既统一又活泼，而彼此相得益彰。

② 重点色应选用比基础色调更强烈或相对比的色彩。

③ 重点色设置不宜过多，过多则没有重点，多个色彩设计焦点，将会破坏主次有别、井然有序的效果，产生无序、杂乱的弊端。

④ 并非所有的设计都设置重点色彩。

⑤ 重点色要与整体配色搭配平衡。

五、配色中的呼应

配色中的呼应是指色彩之间的关系不孤立，视觉感觉和谐。常用的手法是在设计时，以同样色的设计元素在上下、左右或前后中使用，面积、大小可以不等，只用色调进行呼应。

如图5-1-24，整体的色调是黄色调，以红色作为分割的装饰，同时上身的红色蝴蝶结刺绣和裙摆处的刺绣相呼应，整体协调，用色不孤立。在图5-1-25中，上衣的蓝色调与裤子中的蓝色调相呼应。在图5-1-26中，外衣的花卉色调和裤子的花卉色调相呼应。

图5-1-24　　　　　　　　　图5-1-25　　　　　　　　　图5-1-26

第二节　服装配色的方法

一、无彩色系配色

从物理学角度看，黑白灰不包括在可见光谱中，故不能称之为色彩。但在心理学上它们有着完整的色彩性质，在色彩系中也扮演着重要角色，在颜料中也有其重要的任务。

无彩色系配色是指以黑白灰为配色的基调的配色方法，这种配色能够给人一种稳重、含蓄、低调、内敛的感觉。当黑色与白色、或灰色与白色搭配，都能形成视觉上的对比效果。当黑色和黑色搭配时，明度上没有什么差别，但可以利用不同的面料进行设计，也可以形成对比效果，如果只采用单一的面料则会容易出现单调的感觉。如图5-2-1中，白色的裙子搭配黑色的腰带，整体感觉明亮、简洁、稳重。在图5-2-2中，整体设计以暗色调为主，内敛而低调。在图5-2-3中，以黑白灰进行搭配，含蓄而不张扬。在图5-2-4中的黑色裙子给人以精巧、低调的效果。

图5-2-1　　　　　　图5-2-2　　　　　　图5-2-3　　　　　　图5-2-4

二、无彩色与有彩色配色

无彩色与有彩色的配色方法是指通过无彩色的黑白灰与其他有彩色进行配色的一种方法，这种配色是最容易掌握的配色方法，无论有彩色的纯度、明度、色相怎样变化，都会给人稳重、活泼的印象，这种配色在服装配色中应用还要讲究面积和形状的大小。如图5-2-5中，白色的裙子搭配红色的外套，虽然红色外套的饱和度很高，但白色能够起到内敛作用，两种颜色搭配给人一种悦目的感觉。在图5-2-6中，虽然上衣的色块多而且没有规则，但是整体大面积的黑色完全压住了色块的跳跃，在稳重中给人活泼的效果。在图5-2-7中，黑色礼服上的红腰带，既醒目又让整体的设计不会显得沉闷。在图5-2-8中，紫色调的装饰线因为面积小，没有跳跃的感觉，同时让灰色的服装增添了活力。

三、以色相对比为主的配色

艺术作品中经常应用对比的手法，如我国古典文学中"钟馗"的形象，是中国民间传说中驱鬼逐邪之神，他相貌奇丑，却是正义和正气的代表，而女鬼的形象却是美丽中透着邪恶。这样的对比还有很多，以对比的手法可以令双方的形象更加清晰，更加鲜明。色彩对比是指将两种或两种以上的颜色放在一起，由于各自的特点显示出明显的差别的现象。色彩对比是区分色彩差异的重要手段，因为相互比较而存在的差异性，我们称之为对比。由于色彩对比的千变万化，形成了丰富的色彩情感效果。

不同颜色并置，在比较中呈现的色相差异，称为色相对比。色相对比主要包括原色对比、间色对比、补色对比、类似色对比、冷暖色对比。

| 图5-2-5 | 图5-2-6 | 图5-2-7 | 图5-2-8 |

1. 原色对比

　　原色对比是指不能通过其他颜色的混合而得到的红、黄、蓝色彩间的对比，它们之间的对比属最强的色相对比。如图5-2-9中，服装前胸点缀以红色、黄色、蓝色做成装饰物，视觉焦点上移，色彩对比强烈。在图5-2-10中，服装以高纯度的红色和黄色搭配，色彩对比强烈。在图5-2-11中，大面积高纯度的黄色上衣，配以对比色天蓝色条状围巾装饰，极具视觉冲击力。在图5-2-12中，橙色裙裤配以小面积的对比色紫色上衣，色彩对比大胆。

| 图5-2-9 | 图5-2-10 | 图5-2-11 | 图5-2-12 |

图5-2-13　　　　　　　　图5-2-14

2. 间色对比

橙、绿、紫为原色相混所得的间色，间色对比略显柔和。如图5-2-13、图5-2-14中应用了紫色和绿色的搭配，视觉效果既活泼又没有过强的冲突感。

3. 补色对比

在色环直径两端的色彩为互补色。一对补色并置在一起，可以使对方的色彩更加鲜明，如红和绿、蓝和橙、黄和紫。在图5-2-15中，上下装采用了不同明度和纯度的蓝色，构成蓝色调，腰带采用了橙色的设计，整体效果醒目，腰带的颜色具有视觉焦点的作用。在图5-2-16中，运用了黄色与紫色的搭配，充满青春的活泼俏皮感。在图5-2-17中，红色的裙装上饰有绿色的皱褶，活泼而具有视觉冲击力。在图5-2-18中，以绿色调的上衣搭配同色相的靴子，形成的色相对比很弱，呈现视觉上统一的感觉。

4. 类似色对比

类似色对比是指在色环上相距45°左右的色进行对比，如红与橙、黄与绿、橙与黄的并置关系。这种对比属于色相弱对比。特征是具有明显的统一性，同时在统一中不失对比的变化。如图5-2-19所示，橙色的裤子配黄色的大衣，整体色调明快而醒目。

图5-2-15　　　　　图5-2-16　　　　　图5-2-17　　　　　图5-2-18

5. 冷暖色对比

从色环上看，具有寒冷印象的色彩是蓝绿至蓝紫的色彩，其中蓝色为最冷的色；明显有暖和感的色彩是红紫至黄的色，其中红橙色为最暖的色。暖色具有前进感和扩张感，冷色有后退感和收缩感。冷暖对比恰当，会产生美妙、生动、活泼的色彩感觉，产生空间效果。如图5-2-20中，服装整体用冷的蓝色搭配暖的橙色肩带，视觉效果强烈，并且橙色往前跳，蓝色往后退，产生了巧妙的前后感。

图5-2-19　　　　　　　　　　　　图5-2-20

四、以明度对比为主的配色

明度对比为主的配色是在服装配色中侧重明度方面的变化，弱化纯度和色相等因素是明度配色的基本原理。其中对整体气氛起决定作用的是调性和明度差。以明度对比为主的配色包括高明度基调配色、中明度基调配色、低明度基调配色。

1. 高明度基调配色

高明度基调配色是指在服装设计中，主体面积的色调采用高明度色的面料。高明度基调配色具有明亮、浅淡、轻松、淡雅、明快、凉爽等效果。当辅助色的面料与主色调明度差较小时，形成了高短调的效果，整体色调显得比较温和柔弱、平淡，缺少视觉冲击力，适合表现夏季的、轻盈的、甜美的、温柔的女性化服装。当辅助色与主色调明度差较大时，形成了高长调的效果，对比的效果增加，打破了柔弱、平淡的视觉效果，在女性化风格中增加了个性，既端庄又不失活泼感（如图5-2-21～图5-2-25）。

图5-2-21
（毛领作为辅助色与服装整体淡黄主色调明度差较小，感觉柔和、淡雅）

图5-2-22
（服装上闪光的淡灰色图案与整体粉色主色调明度差较小，感觉效果明亮、轻快）

图5-2-23
（外衣的中明度色调与整体高明度的白色主色调搭配，对比较强）

图5-2-24
（上衣的高明度淡黄色与长裤低明度的深蓝色主色调搭配，明度对比强，视觉冲击力强）

图5-2-25
（上衣的高明度淡粉色与裙边低明度蓝色、裤子及靴子低明度的黑色搭配，具有轻松、明快的效果）

2. 中明度基调配色

中明度基调配色是指在服装设计中，主体面积的色调采用中明度色的面料。中明度基调配色给人以朴素、稳静、老成、庄重的视觉效果。当辅助色与主色调差别大时，构成中长调配色，对比增强，增加了活泼感。中明度基调配色适合表现知性的效果，在品牌服装如德诗、例外中，这种配色的设计较多，视觉感觉舒适，比较适合现代的都市知性的女性穿着。当辅助色与主色调差别小时，构成中短调配色，中短调配色更低调、含蓄、平静、内敛（如图5-2-26～图5-2-29）。

3. 低明度基调配色

低明度基调配色是指在服装设计中，主体面积的色调采用低明度色的面料。低明度基调的配色，视觉效果上感觉整体有凝重、深沉、严肃、忧郁的效果，有时设计师也用这种配色方法表现黑暗、神秘、阴险、哀伤的感觉。当辅助色调与主色调明度差大，就构成了低长调配色，视觉感觉有对比，增加活泼的效果，这种配色适合表现女性的沉稳、宁静，职业女性中多采用这种服装配色。当辅助色与主色调明度差别小时，构成低短调配色，视觉感觉有深沉、忧郁的效果，有些设计师用这种配色来表达现代的都市女性风格（如图5-2-30、图5-2-31所示）。

五、以纯度对比为主的配色

纯度配色是以色彩的不同纯度来进行搭配，相对弱化色相和明度的相互关系。主要包括高纯度配色、中纯度配色、低纯度配色三种。

图 5-2-26
（外衣、帽子、手提包、手套等明度色与裤子及鞋的低明度的黑色搭配，给人平静、凝重的感觉）

图 5-2-27
（服装整体的中明度色与手包的高明度的粉色搭配，给人活泼、兴奋的感觉）

图 5-2-28
（服装整体以中明度灰色为主，没有强烈的对比，给人平静、含蓄的感觉）

图 5-2-29
（外衣的中明度色为主色调，与内衣低明度和裤子的高明度对比，给人活泼、兴奋的感觉）

1. 高纯度配色

高纯度配色是指在服装配色时，高纯度色的面积占整体服装主要面积的配色。当高纯度色与低纯度色的搭配，可以形成沉稳中有活泼感的设计效果。当与黑、白、灰这种纯度为零的色搭配时，构成鲜强对比，几乎任何一种纯色都可以安全地与黑、白、灰配在一起，这种配置方法一般不会引起强烈刺激的对比或过分的调和，比较容易取得和谐的配色效果。纯度高的色可以提亮面部的色调，黑白灰又降低了纯色的扩张感，在很多中年女性穿着的服装品牌中，这种配色设计应用比较普遍。高纯度色与高纯度色搭配时，构成鲜弱对比，差别小，对比不明显，这种服装配色适合的人群范围较少，在日常的服装设计中，很少能看见这种配色设计。如图 5-2-32 中，上衣采用了纯度高的色，裙子选择了纯度低的搭配，搭配效果和谐。在图 5-2-33 中，上衣采用了纯度高的蓝色，裙子选择了纯度低的黑色进行搭配，稳

图 5-2-30
（服装整体以低明度色为主调，与裙子的中明度色搭配，给人凝重、平静的感觉）

图 5-2-31
（服装低明度底色配以低明度条纹，给人深沉、严肃、忧郁的感觉）

重中有活泼的效果。在图5-2-34中，裙子采用了高纯度的粉红色，上衣的白色与袜子的黑色衬托了裙子的别具一格。

图5-2-32　　　　　　　图5-2-33　　　　　　　图5-2-34

2. 中纯度配色

中纯度配色是指在配色时，中纯度的色占整体服装主要面积的配色。当中纯度色与高纯度色相配时，构成中强对比，整体感觉纯度较高，给人以明亮、醒目的视觉效果，如果色相的差距增大，对比的效果会加强；当中纯度色与低纯度色相配时，构成中弱对比，整体感觉纯度偏低，给人以稳重、低调的视觉效果，可以适当调整明度来增加对比。

如图5-2-35中，运用了中纯度粉色与绿色搭配，整体效果醒目。在图5-2-36中，整体服装运用了中纯度咖啡色搭配纯度高的黄色调，突出了兜的设计。

3. 低纯度配色

低纯度配色是指以低纯度色占整体服装主要面积的配色。低纯度配色给人以平淡、消极、简朴等感觉。当低纯度与高纯度配色时构成灰强对比，增加了配色对比效果，在平静沉稳中有活泼的感觉，这种服装搭配适合的人较多；当低纯度色与低纯度色搭配时，对比很小，这种服装搭配给人的视觉感觉平淡、严肃、低调，秋冬季节这种搭配的方式比较多。如图5-2-37中低纯度色占了主要的面积，在腰带上运用了纯度较高的粉色来搭配，腰带视觉效果醒目，整体的搭配沉稳中有活泼感。在图5-2-38低纯度色占了主要的面积，肩部纯度较高的绿色让整体的设计有了活力。

图5-2-35　　　　　　　图5-2-36　　　　　　图5-2-37　　　　　图5-2-38

　　如图5-2-39中，主体的色调运用了低色调，上衣运用了纯度较高的图案搭配，既大方又活泼。在图5-2-40中，腰部纯度较高的橙色打破了整体的沉闷效果。

　　如图5-2-41中，服装整体运用了低纯度、低明度的搭配，给人以庄重、严肃、内敛的感觉。在图5-2-42中，服装整体采用低纯度的咖啡色，裤子上与低纯度高明度的浅咖啡色方块图案搭配，给人以含蓄、朴素的感觉。

　　在服装配色中单纯的只考虑明度或纯度的情况并不多，很多是以其中一个为主要表现手法。在设计时要注意主要的表现目的是什么，并以此安排面料。

图5-2-39　　　　　　　图5-2-40　　　　　　图5-2-41　　　　　图5-2-42

六、以冷暖对比为主的配色

人类对色彩的冷暖感是心理的作用，这种因为色彩冷暖感的差别而形成的对比效果称为冷暖对比。从色环上看，明显有寒冷感的色彩是蓝绿至蓝紫的色，其中蓝色为最冷的色；明显有暖和感的色彩是红紫至黄的色，其中红橙色为最暖的色。暖色具有温馨、和煦、热情的感觉，冷色具有宁静、清凉、高雅的感觉。冷暖色并置，会让人感觉冷色更冷，暖色更暖，由于暖色有前进感和扩张感，冷色有后退感和收缩感，因此冷暖对比会产生明显的空间效果和美妙、生动、活泼的色彩感觉。如图5-2-43中，运用了暖色的红色调搭配冷色的蓝色调，给人活泼生动的感觉。在图5-2-44中，整体运用了暖色的红色调搭配相对冷色的绿色调，用条纹和团花进行表现，使服装充满了民族特色。在图5-2-45中，运用了冷色的蓝色调与相对暖色的红色调和紫色调进行搭配，使整体服装具有冷前暖后的趣味。在图5-2-46中，牛仔服装的冷色的蓝色调与内衣暖色的红色调进行搭配，使整体设计充满活力、活泼感。在图5-2-47中，裙子的设计运用了暖色和冷色构成的图案进行搭配，有趣又不平淡。

图5-2-43　　　　图5-2-44　　　　图5-2-45　　　　图5-2-46　　　　图5-2-47

第三节　色彩与你

服饰色彩与纯美术作品的色彩有明显的区别，服饰色彩的设计有其特殊性。在服装配色时，我们不仅要运用到所学的色彩理论，灵活处理实际用色过程中的变化，而且要超出一般原理的框框，更灵活地运用色彩。有多种因素会影响人们对色彩的喜爱程度，如社会背景、年龄差异、心理需求、场合差异、用途差异、流行色等。

一、服装色彩与人体

我们知道，世界上人类的肤色大约分为白色、黄色、棕色以及黑色四种，而实际上又绝不止如此。中国人是黄种人，肤色整体来讲是以橙黄色为中心的色相。从整体上看，我们的肤色大致分为四种：偏白、偏黑、偏黄、偏红。

在服色与肤色、发色、眼色的配色关系中，肤色与服色的色彩搭配最重要，尤其以脸色与服色的色彩搭配最为关键。因为脸色与服色的协调所带来的美感，能强烈的体现一个人的气质、风度和素养。中国人的肤色和蓝色、黑色衣服有一定程度的渊源，也有一定程度的协调。我们在日常生活中往往会发现，尤其是那些年轻人穿各种绿色调衣服时，脸色都会显得更红润些，更美些。而穿红色、橘红色、紫红色等衣服时，脸色反而会往浅黄色上靠，这种感觉的产生，即色彩学中色相对比调和规律的具体体现。比如，脸色白皙而微红的人，穿浅色服装会增加肤色的美，让人感觉更具青春活力；脸色白净而微青的人，浅色衣服会使其肤色更显惨白，更缺血色，给人一种大病初愈感。而一般肤色的人穿浅色衣服会使肤色稍稍变深，但不影响整体美，穿深一点的颜色会更适合；若脸色黄而发黑，则浅色衣服只会更显病态（最忌讳穿黄色、棕色）。总之服装是为人服务的，人才是着装中的主体。服饰色彩设计要因人而异，应注意穿着者的个性、肤色、体型等条件与服装颜色的协调性，以及着装者与穿着环境的适应性。

二、服装色彩与年龄

不同年纪的人对色彩的喜好不同，儿童的服装以纯度高的占多数，而婴儿的服装偏浅淡的色调，老年人的服装以暗色调占的比重比较多，青少年的服装充满色彩的变化，在设计不同年龄穿着的服装时，要充分考虑着装者年龄的心理特点。

三、服装色彩与服装元素

服装穿着后，其色彩就从平面状态变成了立体状态，因此，在进行色彩设计时，不仅要考虑色彩的平面效果，还要充分的考虑立体效果，考虑穿着以后两侧及背面的色彩处理。服装色彩图案、造型款式、面料材质三要素之间搭配统一协调，是非常重要的。

四、服装色彩设计注意事项

服装色彩设计要考虑多方面的因素，穿着者所处的环境、不同品牌的用色特点和民俗对色彩的偏爱都会影响色彩的使用，作为设计师进行服装色彩设计时，需注意以下三点。

① 服装的色彩设计要兼顾其艺术性与实用性。

② 服装色彩在设计时不仅要注意其个性，也要照顾其共性，即流行性。流行的东西是大众的东西，这样才能更好地体现服装的经济价值和社会意义。

③ 在运用服装色彩时，要考虑色彩的民族性。很多民族都有色彩禁忌，这是由于对色彩象征意义的认识不同而产生的。

小结

服装配色在服装设计中占据着重要的地位，掌握服装色彩的配色方法与技巧，将更有助于我们开展服装设计有关工作。设计师在发布作品时，即是自己设计意图的表达，也是对市场流行趋势的发布。在面向消费市场时，要根据不同的顾客群进行服装配色设计。不同年

龄、不同社会地位、不同肤色等因素都会影响服装配色的设计。因此，要做好目标客户群的
市场调查，做到有的放矢，并且在一定程度上引导消费。

思考与练习

1. 如何理解服装色彩设计中的美的形式运用？
2. 服装配色有哪些常用的方法？
3. 服装配色需要考虑人体的哪些因素？
4. 分析研究服装设计大师作品中的配色方法与技巧。

第六章 色彩的构成与表现

本章要点

- 色彩构思的灵感源和艺术启示；
- 色彩的资料归纳与运用。

第一节 色彩构思的灵感来源

一、自然界色彩的启示

我们的视觉范围，所能接触到的色彩现象有两大类：自然色彩和造型色彩。自然色彩是指自然发生而不依存于人或社会关系的纯自然事物所具有的色彩。在色彩表现中自然色最为丰富多彩，自然色彩是人们认识色彩、表现色彩的基础和源泉。它为艺术界提供了无限创意的可能性和可操作性。

自然环境是客观存在的，它不受人们的主观意愿所制约。不同的环境不仅产生相异的情绪和感受，而且也反作用于自己的装束，以保持同周围环境相协调，在不同的环境中，形成了各自不同的色调，诸如城市、乡村、海滨、室内、户外等。由于光的作用而产生了色彩，因此不同的环境光源色能使色彩产生不同的色彩倾向。在服装配色中，应考虑到服装与环境光源色的关系，例如在强烈阳光照耀下的游泳衣、海滨服装等就应选择高彩度的暖色，如中黄、红、橘黄、白等色，以便在强烈的日光的照耀下，显得更鲜艳。

大自然的美丽景色能引起人们的美好情感，而突如其来的风雪变幻也能给人们带来感情的波动。历来许多色彩艺术家们长期致力于大自然色彩的研究，探索着自然色彩美的规律。现代实用美术家正在进一步面向大自然，深入大自然，从大自然色彩中捕捉艺术灵感，吸收艺术营养，开拓新的色彩思路。旅加华裔画家兼摄影家程子然就说过："利用自然环境学习颜色真是事半功倍"。

因而，当构思枯竭时，迫不及待地翻阅一些服装资料的做法，并不是构思最为直接有效的方法，更不能视它为产生灵感的"灵丹妙药"。这是一种低层次的思维方法所致。创作应该

图6-1-1　服装流行趋势预测

是在过去的记忆、感觉和经验基础上的再设计，也就是打破已有的和谐，重新创造新的和谐。

　　大自然色调已经成为国际流行色的主要倾向。例如，2007年国际色彩权威机构发布了热带丛林色、冰淇淋果子汁的混合色、沙漠草原色、海洋湖泊色、贝壳色、大理石色、泉水色、古铜色、漂流木头色、雷电闪光等流行色调。2008年春夏季的流行色是野生花卉和芳草色彩产生的灵感，使织物染上"大自然的色调"，发布了羊齿草色、勿忘我花色、忍冬草色、暖房色、花束色等流行色。该机构又提出，2009年夏季将流行浅淡的珍珠色、陶器色、水果糖色等。2010年的冬季流行黎明色、中午色、黄昏色、夜晚色。这些带有自然色调倾向性的流行色命名并非完全出于商业宣传的目的，而是要从大自然色彩中去吸取色彩灵感，设计新的流行色，适应当代人追求新颖时髦的心理要求（如图6-1-1服装流行趋势预测）。

　　从大自然色彩中获得灵感来进行图案配色，可别开生面地取得意想不到的新鲜效果，可以有效地帮助设计者打开新的思路，摆脱习惯性的配色方法，提高配色技巧。比如，我国丝绸图案设计人员模仿蝴蝶色彩、青铜器色彩、敦煌壁画色彩以及我国民族民间艺术色彩的配色（如图

图6-1-2　敦煌色彩来源

6-1-2敦煌色彩来源）。曾受到过消费者的欢迎。

　　如果以大自然的色彩作为服装色彩设计的源泉，设计师就不难找到自己灵感的依据。日本设计师三宅一生认为大自然对他的影响最为强烈，他认为万物始于自然，也要服从于自然。他曾说大自然是最好的老师，我看到蓝天，就想要用布料呈现它的姿彩；我感到风吹，也会想到用裁剪来表现它的神韵。20世纪70年代打入西方时装界的另一位日本设计师高田贤三的设计更给人色彩艳丽的印象，正是自然花朵经常给他带来许多创作上的灵感，大自然色彩成为他创作的主要元素（如图6-1-3自然色彩元素）。

图6-1-3　自然色彩元素

　　自然界的颜色蕴含着可以带来灵感的财富。一切物象，都有其自身的色彩，像天之蓝、土之黄、花之红等，自然界中存在着无数和谐色彩的组合，它给予我们恰到好处的色彩应用提示可以说无处不在。大自然本身就是卓越的设计师，四季的更替，每一季节都呈现出各自精彩的颜色。如果我们细心观察，就会发现自然界的许多饰物本身就具有精巧的结构、绚丽的色彩、优美的图案。丰富多彩的自然界，给我们持续不断的带来新的想法（如图6-1-4丰富的结构、色彩和图案、图6-1-5取材自然色彩元素的设计作品）。

图6-1-4　丰富的结构、色彩和图案　　　　图6-1-5　取材自然色彩元素的设计作品（凌荣 绘）

在生活中，人们经常会触景生情、由此及彼、连绵不断的地闪现出各种联想。生活是丰富的，但生活不等于艺术，艺术高于生活。从自然中、生活中吸取艺术创作的营养。大自然为设计师提供了一个取之不尽、用之不绝的艺术源泉，只要善于敏锐地观察、体验大自然，就能迸发出灵感的火花。创造者应通过认识和情感作用，把自然界的天造色彩有机置换成自然界的人造服装色彩，用服装色彩设计的语汇赋予其更多的精神内涵。

二、民族文化的启示

世界上各个民族在服饰色彩上的奇风异俗数不胜数，每一种服饰色彩的形式和内容，都是人类服饰文化中的结晶，反映了其本身独特的个性。同时，任何一种服饰色彩的美都有一定的相对性，它总是在一种相对的环境、相对的时代、相对的民族，代表本民族人们对美的认识，对服饰色彩的创造和发展。民族色彩会在具体环境中不断得到继承和发展，也会随着世界的发展向其他民族文化靠拢或者吸收有益于本民族的东西。

中西方民族文化的差异性决定了他们对色彩选择和使用上的不同。民俗是民族文化中最基础、最重要的部分。每个民族对色彩都有偏好。其中最典型的莫过于婚丧嫁娶的色彩。现今，说起新娘服装，人们首先想到西方民族的白色婚纱。但婚礼服的颜色在不同时代、不同国家都存在差异。新娘穿白色服装从古希腊开始，当时人们认为白色象征欢乐、喜悦；古罗马亦是，新娘也穿一身白色，但新娘还戴红色面纱，目的是除恶避崇。随着历史的发展，红色面纱逐渐跟红色衣服相协调；在中世纪欧洲，新娘喜欢穿红色新娘服，只有基督教徒才穿白色礼服，表示顺从、纯洁。中世纪后，欧洲赋予上流阶层以夸耀财富，新娘纷纷穿白色礼服，因为它易脏，可以随时弃旧换新，是优越感的一种体现。美国独立战争期间，红色新娘服在美国盛行一时，因为红色象征当时对英国统治的反叛；在西班牙乡村，婚礼服常常是黑色的。传统基督教徒喜欢的白色婚礼服，直到19世纪才开始有明确象征意义，白色婚礼服代表着忠贞不渝，终成眷属。中国民族与西方在婚礼服上有所不同，红色是中国人婚礼服中的主色调。中国把红色视为欢乐、喜庆、成功和进取的象征，最能烘托喜庆的气氛（如图6-1-6中国传统的红色婚礼服），象征婚姻幸福。

图6-1-6　中国传统的红色婚礼服

　　各个国家和地区由于民族文化存在着差异性，所以对色彩的偏好也不尽相同，这也就告诉了我们要针对不同的需求进行设计，对色彩的选择是一件非常谨慎的工作。

　　色彩是营造服装整体效果的主要因素，设计师在用色上不难发现众多不同极具民族魅力的用色搭配。比如我们的近邻日本，其受地理位置等因素的影响，是一个很有忧患意识的国家，佛教传入日本后，极大地影响了日本的文化。无常的观念渗透到了方方面面，逐渐形成了"寂"和"侘"两种具有代表性的审美意识。"寂"是指"空寂、幽雅、古典、精炼"；"侘"是指"幽静之美、朴素幽雅之美，或者说闲寂、恬静"。在表现这种审美意识时，所必需的是构成那种精神性色彩意向的颜色，以及确实能够传达看者内心深处的配色方式。在这种审美情趣的指导下，日本人在黑色的使用上出类拔萃，黑色与红色、金色等色彩搭配，产生一种沉静、别致的味道（如图6-1-7日本传统色彩图案的设计）。

图6-1-7　日本传统色彩图案的设计（杨俏 绘）

　　以运用黑色为主设计服装而成名的服装大师山本耀司，是20世纪80年代在巴黎取得成功的日本服装设计师之一。在日本时装打入西方时装界主流的80年代，西方正是色彩绚丽的时期，而日本设计师的黑色却是一种主要的取向。他的设计具有强烈的个人风格，又同时保持了日本传统服装的色彩特征。其作品用色首先离不开黑色。黑色在日本色彩中代表几种意向，如幽雅、忍耐、敬畏、神圣、严肃、出色、极致等意向。在崇尚自然的日本，山峦或天空，森林或大树都是神邸的居所，充满了灵动之气，黑色象征着这些神圣的意味，代表了一种极致的感觉。黑色的运用体现了浓重的日本禅文化。在观念上产生幽雅闲寂的美感，这种精神美就是以"空寂"为中心的幽玄美，也使日本传统民族艺术中的最高理念。

　　我国的装饰色彩有着悠久的历史和优秀的传统，从中国绘画到中国工艺美术；从淳朴的民间图案到豪华的皇宫装饰；从古典园林建筑到举世闻名的中国石窟壁画艺术；从石器时代的彩陶文化到现代的景德镇、醴陵、唐山、淄博等瓷器；从漆器装饰到织锦图案；从杨柳青年画到无锡泥人；从少数民族服装到戏剧服装色彩……中华民族的优秀文化遗产中有许多色彩装饰作品是我们今天学习的最好范本。比如，中国古代的"五行五色说"，反映了中华民族独有的色彩欣赏习惯与审美观，五色即"青、黄、赤、黑、白"。唐代的兴盛，东西文化的交流、融会，产生了丝绸之路上诸如敦煌壁画的耀人风采。少数民族的服装色彩风格明显，如苗族服饰多在黑底上刺绣各色细碎的图案，装饰色彩运用巧妙细腻、变化丰富（如图6-1-8不同地区苗族的刺绣图案）。江南民间蓝印花布有植物靛蓝纺染形成独特的单色装饰，仅有蓝白二色显得十分清纯，在图案上多做复杂的变化，在素净之中彰显华美。少数民族服饰中细腻的色彩是重意向、讲情韵的民族审美心态的外化。几百年的变迁，服装色彩的民族形式已极其丰富。我国的绘画艺术和装饰艺术中也有许多值得我们学习和借鉴的东西。只要我们认真地去研究它们的配色规律，必将丰富我们的配色方法和手段。我们可以模仿传统艺术中色彩气氛和配色效果，也可以有选择地作局部分解、提炼，分析其套色、比例、位置，借鉴其方法进行配色。所以，我们需要吸取传统文化中的智慧、精神和意境，吸收外来文化中的特点，兼收并蓄，融会贯通，成熟我们的设计理念。

图6-1-8 不同地区苗族的刺绣图案

三、来自姊妹艺术的启示

1. 建筑艺术的启示

时装常被称为穿在身上的艺术，而视觉艺术长期以来一直在影响着服装的颜色、质地和设计。从纽约建筑中心开幕的展览上来看，建筑也同样发挥了作用。此次展览名为"建筑的时装：构建时尚的建筑"，展出的作品出自侯赛因·夏拉扬（Hussein Chalayan）、帕特里克·考克斯（Patrick Cox）、马丁·马吉拉（Martin Margiela）和山本耀司（Yohji Yamamoto）等设计师，以及扎哈·哈迪德（Zaha Hadid）、戴维·阿德迦耶（David Adjaye）、文卡·度别丹（Winka Dubbeldam）、森俊子（Toshiko Mori）等建筑师。该展览表明，建筑和时装这两个领域的相互影响已更胜以往（如图6-1-9灵感来自建筑的服装设计）。

图6-1-9　灵感来自建筑的服装设计

我们每天住在建筑物里，建筑就是我们的环境。我们每天都与建筑打交道，包括过渡空间，就像我们的衣服一样。当你出门到街上，你就进了建筑环境；街道带你进入楼宇，这是人类体验环境的一部分。

拜占庭时期，在建筑上强调的是镶贴艺术，追求缤纷多变的效果。同样，这种特色也反映在服装上。例如在男女宫廷服的大斗篷、帽饰以及鞋饰上都镶贴了光彩夺目的珠宝和华丽图案的刺绣装饰，营造出一种既融合东西又充满华丽感的服饰装饰美（如图6-1-10贴近于建筑艺术的中世纪服装）。

色彩是中国建筑的主要特征之一。在木料表面涂上油漆，是为了防腐的实用目的，因其色彩分配得当，所以又收到美观的艺术效果。中国建筑上色彩的分配，是非常慎重的。檐下阴影掩映部分，主要色彩多为"冷色"，如青蓝碧绿色的柱子和墙壁，则以丹赤为主色，与檐下冷色的彩画正相反。有时庙宇的柱廊以黑色为主，与台基的白色相映衬。显得黑白分明，给人以极强的艺术效果。中国的建筑既然为彩色的，假使这些彩色滥用于建筑的全部，使上下同时金碧辉煌，那也就无所谓美丽和谐或庄严了。琉璃瓦自汉代传入中国，用于屋顶当始于北魏，明清两代，应用尤广。这个由外国传入中国的宝贵建筑材料，使中国建筑大放异彩。明清北京皇家建筑，其基本、典型的色调为黄红两色，大凡品位较高的建筑，均以黄瓦红墙为基本特征。这一切的黄瓦红墙交相辉映，色彩协和悦人，都与皇家以及封建统治者内心的华贵、庄严、兴旺的气象连接起来，给人一种庄严的，不可凌越的崇高感。

图6-1-10　贴近于建筑艺术的中世纪服装

　　而建筑领域的色彩表现则是从有序走向混乱，再由混乱导致整治这样的过程（如图6-1-11灵感来自建筑的服装设计）。中国的传统建筑是有其深厚传统的，包括它的色彩表现有非常稳定的风格和秩序的特征。以北京为例，老北京的城市色彩曾是非常明确，而且非常有特色，在世界上是独一无二的。基本上是由两个大的组群的彩调构成的。其一是官式建筑和宗教建筑的色彩组合，以皇家的黄瓦红墙以及描金彩画穿插其中为主要特征，为辅的是绿瓦灰墙朱门彩绘王府和衙门或者赋彩艳丽的佛教道教建筑；其二是民居建筑的色彩组合，主要的是以灰墙灰瓦赭门为主调兼施少许的彩绘。后者如群星捧月一般承托着前者，在含蓄细腻灰色调的民居烘托下，彩色的官家社庙的建筑则更加灿烂。

　　2. 音乐艺术的启示

　　人们常常形容优美的音乐具有色彩感，悦目的色彩具有音乐的节律感。历史上有许多色彩学家企图从音乐原理中去探索配色美的规律。音乐的感受为什么能转化为配色的启示呢？这应该说是由"通感"至"统觉"的心理活动所引起的。我国《乐记》中有这样的记载：其衰心感者，其声噍以杀；其乐心感者，其声嘽以缓；其喜心感者，其色发以散；其怒心感者，其声粗以厉；其敬心感者，其声直以廉；其爱心感者，其声和以柔。古希腊人还认为七种乐调具有七种情绪的色彩。总之，不同的音调以及不同的乐曲，表现的感情是不同的。由于听觉得来的印象往往可以和视觉得来的印象相通，因此，不同的音乐可以翻译成明亮、暗淡、艳丽等不同的色彩。如柔和优美的抒情曲调可使人联想到某种柔美的中淡色调；节奏轻快的轻音乐可以联想到某种明艳色调。作为色彩的构思训练，可以通过收听不同乐曲，然后用抽象的几何形和色彩表达自己的感受。

图6-1-11　灵感来自建筑的服装设计（李光雷 绘）

　　音乐是用"比拟"的手法反映现实的。这种"比拟"手法不是"以彼物比此物"，而是用艺术化了的声音的运动形态来"比拟"现实中的生动事物的，如通过强弱、高低、快慢、稳定与不稳定、协和与不协和等，有组织的音乐运动来表达情感，概括生活。通过"比拟"，音乐不但能表现人们内心细微复杂的各种感情，而且也能富有情感地间接再现出不属于声音范围的自然事物（如蔚蓝的天空、平静的湖水等自然景物）和社会现象（如苦难、欢乐、希冀和追求等）。听到一些柔和的音响，就似乎能看到乳黄、嫩绿、浅蓝、粉红之类的柔和色彩，产生一种温暖的感觉；听到一些低沉、浑浊的音响时，就似乎能看到深黑、灰绿、暗篮之类的暗淡色彩，产生一种阴冷的感觉。人们常说"歌声嘹亮"，声音怎么能亮呢？但是，我们对某种声音确有亮的感觉。为什么音乐能引起我们除听觉外的其他各种感觉？为什么音乐能引起我们各种联想？为什么看不见摸不着，有时还讲不清的音乐能具有震撼人的内心世界的极其丰富的表现力？这里面有何奥妙呢？

　　这种奥妙来自于音乐通过"通感"和"比拟"这两座桥梁，把人的感觉心灵与大千世界紧密联系在一起，如图6-1-12所示为灵感来自音乐的服装设计。"通感"是指由于"条件反射"所形成的各种感觉相通的现象。如视觉可以唤起味觉，听觉可以唤起触觉等。由于"通感"人们才产生了领域广阔的"类比联想"。"通感"和"类比联想"要比单纯生理上的"条件反射"复杂得多，它包含着人们全部生活体验所构成的各种感觉之间的复杂微妙的联系。正是由于有了这种复杂微妙的联系，才产生了"云想衣裳花想容"、"绿肥红瘦"、"红杏枝头春意闹"等美妙的诗句；才使得人们感觉到红色的热烈激动，绿色的安详宁静，橙色的温暖愉快；才使得人们在听音乐时，非听觉的感觉领域也随之兴奋，从而完成了对音乐形象的整体感受。

图6-1-12　灵感来自音乐的服装设计（李光雷 绘）

其实，在音乐和颜色之间还有一个更重要的媒介——情感，或者说是心理反应。协和的音调与柔和的色彩在人们心中引起的心理反应和情感是一样的。中音区大和弦的音响与明亮的色彩在人们心中所引起的心理反应和情感也是差不多的。这就是格式塔心理学所说的，人的内心结构与外在自然中的形式（如声音、形象、色彩等）有一种同质同构、异质同构的对应关系。如人的呼吸、心脏跳动本身就是有节奏的，那么外在的声音节奏与人的节奏就构成一种同质同构的关系。如自然山峦的起伏节奏的形态与人的节奏就构成一种异质同构的关系。音乐与色彩的关系，实质就是这种异质同构的关系。如图6-1-13所示为灵感来自音乐的服装设计。

图6-1-13　灵感来自音乐的服装设计（吴琼 绘）

所以，人们干脆就认为音乐本身也有丰富的色彩。有宏伟瑰丽的，有秀丽细腻的，有浓艳丰富的，有淡雅洁净的；有风格色彩、和声色彩、调性色彩、地方色彩和民族色彩等；还有不同的发声体、音量、音质、强弱、高低、力度、方法等所构成的，足以与自然界中万紫千红的色彩相比美的极其丰富的音色。因此，音乐创作的艺术原理有不少是与绘画相通的，也有对比、层次、过渡和统一。

一个好的音乐家应该与画家一样，成为运用色彩的大师。贝多芬、海顿、莫扎特、肖邦、德彪西等音乐大师，都在自己的音乐作品里努力追求绘画的色彩效果。德彪西受印象派绘画的影响，为了追求音乐的光色感受和瞬间印象，创造了全音音阶、平行和弦等新的音乐表现手段。到了勋伯克以后的现代派，又创造了十二音音乐、序列音乐、具体音乐、电子音乐等新的音乐形式。音乐的色彩越来越丰富，人类在创造音乐色彩上的追求和能力是无穷无尽的。

随着科学的进步，音乐与颜色的结合更加亲密也更加巧妙了。激光担任了音乐的伙伴，随着音乐之流的回荡，音乐厅的天花板和天幕上闪烁着瑰丽多彩的光环光点。这些光环光点随着音乐节奏的变化而变化，节奏强烈光色强烈，节奏轻弱光色轻弱，而且随着音乐的旋律变幻出不同的图形、图案、造型，与音乐组成一个无比美妙神奇的整体。

3. 戏剧影视艺术的启示

戏剧是通过演员扮演的角色在舞台上当众表演故事情节，塑造人物形象，反映生活的一种艺术。影视是电影艺术和电视艺术的统称，是一种综合性的艺术形式。它逼真地还原客观事物，力求准确、鲜明得再现社会现实。戏剧和影视都是来源于生活的艺术形式。

戏剧和影视艺术，可以说都归属于视觉艺术的范畴。首先它在视觉上给观众留下深刻的印象，而后对观众的心灵产生震撼力。在戏剧和影视中，色彩扮演了一个重要的角色，对于剧情的发展往往可以起到推波助澜的作用。

同样，电影赋予服饰设计创作丰富想象的空间，一部电影所叙说的思想主题和人物性格，以及它体现的时代性、民族性，都可以通过电影服饰完成最直观的物化叙述。更有价值的是，电影加速了服饰的流行，成为一种媒介，让服饰在这种综合艺术中得到了更加完美的展示。电影演员的偶像地位，使他们在影片中的造型成为了观众模仿的对象，明星效应无疑是服饰流行的引线，可以看到，电影是服饰乃至流行时尚的一种最具影响力的推广手段之一，服饰从通俗时尚发展演变成为一种流行艺术，再凭借电影这种大众艺术的宣传恢复生活的原本地位，得到人们的欢迎和认可。如图6-1-14所示为独一无二的戏剧服装色彩。

　　电影中服饰艺术散发的魅力也是光彩夺目的，尤其是在一些备受好评的经典佳片当中，它所表现的服饰情景总是充满想象，如同读一本书，通过感受文章人物的对白就能体会人物的内心世界。随着电影艺术的不断发展和多元化，如今视觉上的东西已经像对白、情节一样被更多的得到重视。在电影《简·爱》中，简·爱长得并不漂亮，服装也不多，但她的服装富有意境之美，让人感受到这一女子的独特魅力，如图6-1-15为影片《简·爱》海报。剧情当中简·爱为了救罗彻斯特，并被他的性格所吸引，同时对他产生了好感，这时她穿着一件青色有小紫红花的长裙，在阳光的绿草地上画画。大面积的绿色与色彩轻快的衣裙相呼应，极富有情调的画面衬托着她晴朗的心情，朦胧的青色、浪漫的红色传达着温柔、甜蜜的美好情感，充分展现了一个年轻女人盼望着将要来临的爱情的微妙情愫。当罗彻斯特带了许多名门闺秀来家中开舞会，在一群珠光宝气、矫揉造作的贵妇中，简·爱被冷落一边，此时她穿着白领棕黑色的长裙，冷郁而深沉的暗色调，简洁的款式，表达了她沉静、内敛的思想性格，与场景中的其他人物华丽的着装相对比，造成一种素与艳、简与繁的视觉冲击，愈发显得那样的孤傲，鹤立鸡群。当她离开罗彻斯特当上了乡村教师，在春天的田野里，遍地野花阳光明媚，罗彻斯特呼唤她的声音在她的耳边回旋，她内心的感情汹涌澎湃，此时她穿着一件浅绿色小花的长裙，被衬托的仿若纯洁的精灵，在春日的阳光灿烂的底色下，人物着装柔和的浅色调诉说着温馨的美妙情感与蓬勃的青春朝气。最后当她下决心回到庄园找罗彻斯特的时候已是秋天，在金色的秋景中，她见到了已经瞎了眼的罗彻斯特，罗彻斯特穿着棕色的衣服，简·爱穿着驼色的格子上衣，一顶浅棕色的帽子，帽子上飘绿色的缎带，一切情意全归纳在这幅安详静谧的暖色调子画面之中，服饰的意境将影片所要表述的真挚深沉的爱情传达的淋漓尽致。影片中服饰设计、不同氛围下的色彩烘托与美术设计的成功，以及电影艺术手法的运用，使影片情景交融，感人至深，充分印证了电影中心思想和塑造人物上对服饰的具体要求。

图6-1-14　独一无二的戏剧服装色彩　　图6-1-15　影片《简·爱》海报

通过上面的例子，不难体会到，电影对服饰的要求和作用，无论是视觉还是思想上，都是举足轻重的。它们已经不仅仅是穿在角色身上的衣服那么简单直白。它更是创作方式的一部分，由一种附属道具发展演化成为传达情感和思想内容的重要手段。电影造就角色成功的同时，无疑那些创意和设计都洋溢着艺术美感的服饰也必将大获成功。

电影《十面埋伏》在色彩的运用上作了特殊的处理，既让电影在视觉上到达最佳的艺术效果，又根据剧情需要有所侧重，也让观众在特殊的色彩效果中产生不同的感受。《十面埋伏》主色调为绿色（图6-1-16为影片《十面埋伏》海报）。几场官府和飞刀门的搏斗都安排在葱茏碧绿的竹林和白桦树林里。捕头穿着绿袍，现身的飞刀门也着绿装。服装和大自然的绿色融为一体，使观众在视觉感观上得到一种享受。从另一个角度看，绿色是大自然的原色、本色，它的象征意义是生命和自然。官府人员和飞刀

图6-1-16　影片《十面埋伏》海报

门同为自然人，他们为了生命而搏斗，在阶级社会里，这种搏斗是自然的，不可避免的，是随时随地都存在着的，看看《十面埋伏》整个情节的安排，真的能够让人体会到"埋伏"的无处不在，搏斗的无处不在，这就是自然，这就是绿色所赋予的象征意义。

而白色丰富了影片的内涵，影片所显示的大面积白色是在结尾处。纯洁、无瑕的爱情在这里遭遇暴风雪，遭遇冷冻，遭遇绝望。官员的情感，飞刀门的情感，青年人的爱情在这里遭遇大碰撞，情感的决斗，人格的决斗，尊严的决斗，爱情的决斗，各方实力的决斗在这里汇聚。白色的大雪为这场最后的决斗作了最好的铺垫，白色的雪面上点缀的鲜红的血迹展示了这场决斗的有情和无情。悄无声息的漫天大雪为即将到来的官府和飞刀门的大决战制造了紧张气氛。常言道：黎明前是最黑暗的，大战前是最沉寂的。而白色是最能烘托这一点的。

第二节　色彩构思的提炼与应用

一、色彩资料的收集

服装色彩的收集是一个不断激活创造灵感的过程，筛选出具有美感重要价值的色彩素材，是服装色彩设计的第一步。艺术大师毕加索说过："艺术家是为着从四面八方来的感动而存在的色库，从天空、大地，从纸中，从走过的物体姿态、蜘蛛网……我们在发现它们的时候，对我们来说，必须把有用的东西拿出来，从我们的作品直到他人的作品中"。可见，从平凡的事物中去观察、发现别人没有发现的美，逐步去认识客观色彩中美好的色彩关系，借鉴美好的形式，走出原色彩限定的状态，注入新的思维，重新构成，使它达到完整的、独立的、富有某种意义的创作目的。

色彩的采集范围相当广泛。一方面，借鉴古老的民族文化遗产，从一些原始的、古典

的、民间的、少数民族的艺术中祈求灵感；另一方面从变化万千的大自然中，以及那些异国他乡的风土人情，各类文化艺术和艺术流派中吸取养分。我们要从色彩搭配和谐的各种视觉材料中获得服装色彩设计的灵感，并分析归纳出其色相、明度、纯度、各色相的面积比例、位置关系、色彩搭配的方法等，并整理出具体色标。

收集可以有以下形式：对自然色彩的收集，对民俗色彩的收集，对图片色彩的收集，对绘画色彩的收集。

1. 对自然色彩的收集

原始的自然色收集，像四季色、植物色、动物色、土石色等包含丰富的美的韵律，岩石的构成，树干裂纹，春季的嫩叶，炎夏的盛枝，秋季的红叶，美丽的鸟羽，爬行动物的皮毛，贝壳的斑痕等纹理，都极具装饰价值；浩瀚的大自然的色彩，丰富多彩，变幻无穷。向人们展示着迷人的色彩。如蔚蓝的海洋、金色的沙漠、苍翠的崇山、点点的星光……具体细分有春、夏、秋、冬，还有晨、午、暮、夜的色彩，有植物色彩、矿物色彩、动物色彩、人物色彩等。这些美丽的景色能引起人们美好的情感。历来许多摄影艺术家长期致力于大自然色彩的研究，对各种自然色彩进行提炼、归纳、分析。从取之不尽、用之不竭的大自然中捕捉艺术灵感，吸收艺术营养，开拓新的色彩思路。对于我们来说，就是要经常走近大自然，融入到自然当中，体会与品味大自然给我们带来的各种色彩的信息。从观察角度上来看，既有宏观大视野体现的恢宏对比，也有微观小光圈展现的微观世界。

2. 对民俗色彩的收集

所谓民俗色，是指一个民族世代相传的、形成了固定模式的、规定俗成的、在各类艺术中具有代表性的色彩特征（如图6-2-1所示为民俗色彩具有独特的形式美感）。我国的传统艺术包括原始彩陶、商代青铜器、汉代漆器、陶俑、丝绸、南北朝石窟艺术、唐代铜镜、唐三彩陶器、宋代陶器等。民间艺术品包括剪纸、皮影、年画、布玩具、刺绣等流传于民间的作品，都各具典型的艺术风格，各具特色的色彩主调和不同品味的艺术特征。民间艺术作品上呈现的图案及色彩感觉，是设计师经常借用的素材，它们具有的民间艺术形式美感，能启发设计师的创造力。这些优秀文化遗产中的许多装饰色彩都是我们今天学习的范本。

图6-2-1 民俗色彩具有独特的形式美感

3. 对图片色彩的收集

图片色彩是指各类彩色印刷品上好的摄影色彩与好的设计色彩。图片内容包括喧嚣的都市、寂静的太空、深山的红叶、光秃的山冈、高耸的现代建筑物、沧桑的古城墙、一堆破铜烂铁、金银钻戒等，图片的内容可以饱览世上的一切，不管它的形式和内容怎样，只要色彩美，就值得我们借鉴，就可以作为我们收集的对象。

4. 对绘画色彩的收集

中国传统绘画色，水墨画中黑白灰表达的无限意境，工笔画的细腻工笔，鲜艳的色彩。西洋绘画色，从古典主义近似单色的使用，印象派绘画色彩客观地对色彩印狂热追求，野兽派绘画色彩主观地色彩运用，立体派绘画色彩将色彩作各种分析、组合、简化和装饰，超现实主义绘画色彩注重色彩的心理反应，抽象派绘画色彩是最单纯的原色运用（如图6-2-2所示为具有各自艺术特色的绘画色彩）。

图6-2-2　具有各自艺术特色的绘画色彩

二、色彩资料的归纳与运用

色彩资料的归纳重点在于用联想方式和重构手段，将客观色彩给予的启示转入到主观的服装色彩设计中，从而营造出服装色彩设计的氛围，完成一个有自己的发现和理解的创构过程。

在有目的的对色彩资料进行收集后，要将这些资料进行分析、概括、组合，找出事物之间的相似性与内在关联性，以相似特征为出发点进行一点或更多的联想和想象，不仅要最大限度地充分利用色彩资料的色彩，特别是要保留生动的色彩因素，通过图片中的结构、造型、纹样、肌理以及赋予其间的风格、性格特征等种种因素进行服装设计的创作。

收集的各种色彩是不能直接用于实用配色的，因为实用色彩必须根据作品的创作条件和装饰性要求，经过分解、归纳和提炼。流行色彩和色调配色只是取其中的色彩气氛的印象。如《国际纺织》发布的夏季欧洲妇女时装流行色中，浅淡的珍珠色调是由浅柠檬黄、粉红、丁香紫、杏黄、东方蓝和绿色组成的；陶瓷色调是由蓝绿、赭、棕、红色和略暗的橙色组成的；深夏季色调是由黑、海军蓝、深棕色和深绿色组成。该机构发布的秋冬季流行色中的黎明色调是由含灰的蓝绿、粉红和灰色组成；中午色调是由高纯度的灰色、旗绿、橘红和粉红组成；黄昏色调是由柔美的黑色和紫色、棕色、午夜色和瓶绿组成。各种颜色都来自自然色彩，而同时又是从自然色彩中分解归纳出来的。

1. 自然色彩分解和归纳的方法

（1）目测法　目测法先分析出自然景物色彩总的倾向，然后再把它归纳为最主要的几个色，同时测出各个颜色所占据的比例和位置。

（2）借助于网格分析　把自然景物拍成彩色照片，然后使用网格目测归纳提炼出几个主要的颜色。根据各种颜色所占目数得出百分比，同时标出各个色的组合关系，绘制成归纳色的比例和组合关系的色标。

此外，现代化的电子计算机技术已被应用于色彩分析，彩色图片经过电子计算机分析综合，可以在很短的时间内把图片上的色彩按设计者的要求归纳为若干个色标，同时非常精确地显示出各色所占据比例的组合位置。

2. 色彩重构

在对色彩资料进行归纳后，如何进行重构，是我们色彩应用的前提和重点。

色彩的重构是将原来物象中美的、新鲜的色彩元素注入新的组织结构中，使之产生新的色彩形象。对收集素材的色彩进行分析、概括，提取符合设计意图的结构及色彩。可将原来复杂的图形概括为几何形，从色彩的总体需要展开取舍与合并；也可寻找收集图片与设计物之间意义吻合的相似性、内在关联性，在似与不似之间组成全新的结构与色彩。

而在进行重构练习时应注意五种形式：整体色按比例重构，整体色不按比例重构，部分色的重构，形色同时重构，色彩情调的重构。

（1）整体色按比例重构　整体色按比例重构是将色彩对象完整的采集下来，按原色彩关系和色面积比例，做出相应的色标，按比例运用在新的画面中，其特点是主色调不变，原物象的整体风格基本不变（如图6-2-3所示为整体色按比例重构的设计）。

（2）整体色不按比例重构　整体色不按比例重构是将色彩对象完整采集下来，选择典型的、有代表性的色不按比例重构（如图6-2-4整体色不按比例重构的设计）。这种重构的特点是既有原物象的色彩感觉，又有一种新鲜的感觉，由于比例不受限制，可将不同面积大小的代表色作为主色调。

（3）部分色的重构　部分色的重构是指从采集后的色标中选择所需的色进行重构，可选某个局部色调，也可抽取部分色，其特点更简约、概括，既有原物象的影子，又更加自由、灵活。

（4）形色同时重构　形色同时重构是根据采集对象的形、色特征，经过对形概括、抽象的过程，在画面中重新组织的构成形式，这种方法效果较好、更能突出整体特征。

（5）色彩情调的重构　色彩情调的重构是根据原物象的色彩情感，色彩风格做"神似"的重构，重新组织后的色彩关系和原物象非常接近，尽量保持原色彩的意境。这种方法需要作者对色彩有深刻的理解和认识，才能使其重构后的色彩们更具感染力（见图6-2-5色彩情调的重构设计）。

图6-2-3　整体色按比例重构的设计（杨俏 绘）

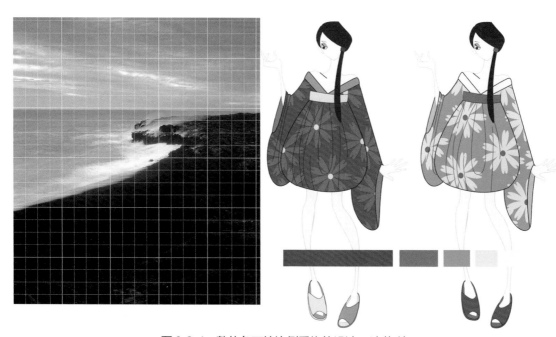

图6-2-4　整体色不按比例重构的设计（凌荥 绘）

图6-2-5 色彩情调的重构设计（杨俏、刘学富 绘）

采集重构练习是一个再创造过程，因采集人对色彩的理解和认识不一样，对同一物象的采集也会出现不同的重构效果。再创造的练习过程，可以教会我们如何发现美、认识美、借鉴美，直到最终表现出美（见图6-2-6、图6-2-7、图6-2-8服装款式设计）。

图6-2-6　服装款式设计（李光雷、凌荣 绘）

图6-2-7 服装款式设计（吴琼、矫婷婷 绘）

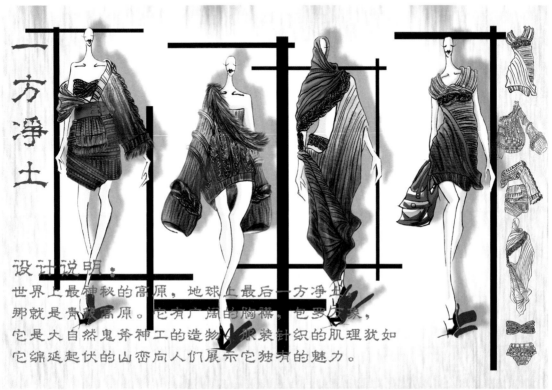

一方净土

设计说明:

世界上最神秘的高原，地球上最后一方净土，那就是青藏高原。它有广阔的胸襟，包罗万象，它是大自然鬼斧神工的造物。服装针织的肌理犹如它绵延起伏的山峦向人们展示它独有的魅力。

图6-2-8 服装款式设计（矫婷婷 绘）

小结

　　本章通过对色彩构思的灵感源和自然界色彩、民族文化、姊妹艺术的启示的讲解，以及对色彩构思的提炼与应用的讲述，使我们认识到，在进行服装设计的过程中，离不开色彩的设计，然而对待色彩的搜集和表现这项工作，是要十分谨慎和认真的，这关系到我们设计作品的成功与否。在进行色彩的搜集过程中，要深入大自然，多了解民族的、民俗的、民间的艺术表现形式和色彩使用方法，从中捕捉艺术灵感，吸收艺术营养，开拓服装设计思路。

思考与练习

1. 按艺术门类分别对不同色彩表现形式的图片进行搜集和整理。
2. 对自然色彩进行分解和归纳，通过色彩重构进行服装设计的练习。

第七章　立体构成的造型基础

本章要点

- 立体的本质；
- 服装立体构成的造型要素点、线、面、体。

第一节　立体的本质

一、什么是立体

在我们生活的地球上，从大自然赋予的万物到人类建造的一切，都是以立体的形态存在着。立体形态可从两方面来理解：一是实体，产生体积感，例如：器具、石头、人体等（如图7-1-1 日常生活中我们使用的器具）；二是虚体，产生空间感，例如：建筑物内部、器皿内部、裙撑内空间等（如图7-1-2 建筑物内部强烈的空间感）。在服装造型设计中我们也经常通过空间的堆积与膨大、镂空与镶嵌来强调服装的立体效果。

图7-1-1　日常生活中我们使用的器具

图7-1-2　建筑物内部强烈的空间感

以立体艺术的角度来看待服装，无疑可以加深对服装艺术的理解，丰富服装的艺术表现力，拓展服装的空间造型潜力，使服装在满足功能需求的同时，成为表达情感和传递人体美的艺术载体。

二、立体的三个视图

无论哪种造型艺术都是以创造新的形态特征为造型的最终目的，我们需要从多方位、多角度、多层面入手，建立全面的、全新的视觉切入点，结合新的材料和技术最终达到一种美好的视觉形态。对于观者而言，每一个存在于三维空间的物体都具有三个不同的方向和视图。将人的视线规定为平行投影线，然后正对着物体看过去，将所见物体的轮廓用正投影法绘制出来该图形称为视图。一个物体有六个视图：从物体的前面向后面投射所得的视图称主视图——能反映物体的前面形状，从物体的上面向下面投射所得的视图称俯视图——能反映物体的上面形状，从物体的左面向右面投射所得的视图称左视图——能反映物体的左面形状，还有其他三个视图不是很常用。三视图就是主视图、俯视图、左视图的总称（如图7-1-3 立体的三个基本视图）。

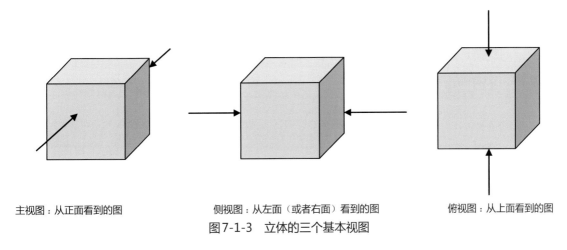

主视图：从正面看到的图　　　　侧视图：从左面（或者右面）看到的图　　　　俯视图：从上面看到的图

图7-1-3　立体的三个基本视图

第二节　服装立体构成的造型要素——点元素

在立体构成艺术中，点、线、面同样是立体构成的基本造型要素，任何物体都可以还原成点、线、面；而点、线、面又可以构成任何形体，一切设计和造型活动都是围绕着最简洁、直观的点、线、面、体元素来进行的。点的灵动点缀和线的自由穿插构成了面的自由组合。这些要素在服装设计中具体体现为：上衣是由领子、袖、衣身、门襟、口袋等部件组合而成；裙子是由裙摆、裙身、裙腰等造型组合而成，这些局部造型元素在服装整体造型中往往被审美者提炼为点、线、面、体等视觉造型要素。

要想深入全面地了解这些要素，我们必须明确两个概念：

概念一　形态的三维立体概念

立体构成中的造型要素（点、线、面、体）是客观存在的、可以触摸的真实物体。比如，一粒灰尘、一颗纽扣、几缕纱线等（如图7-2-1 立体中的任何形态都是真实存在的），通过测量都是能够证明体积的。

概念二 立体构成造型要素的形态概念

这里提及的点、线、面、体并不是单纯的几何形态，它们可以是任何形式的，如自然形的、有机形的、偶然形的、抽象形的或者意象的（如图7-2-2 形态优美的有机形体）。

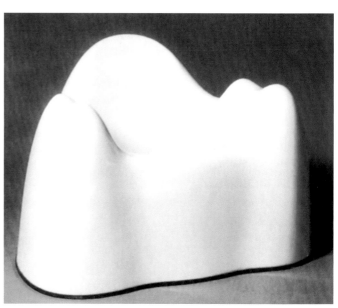

图7-2-1 立体中的任何形态都是真实 存在的

图7-2-2 形态优美的有机形体

一、点的概念

立体构成的点，是将几何学上零次元的无实质的点，扩展到三次元的有实际质的体来表现，是相对较小而集中的立体形态，可构成多种形式的"视觉立场"与"触觉立场"。

二、点与点的关系

沿着同一方向，较近距离放置的点，由于张力产生线的感觉。较小的点容易被大的吸引，使视觉产生由小向大的移动（如图7-2-3 点的排列形成线的造型）。沿着两个或者三个方向，较近距离放置的点，容易分别产生面和体的感觉（如图7-2-4 点的排列产生面的效果）。点放置的距离越大，越容易产生分离的效果；点放置的距离越近越会产生聚集、结实的效果（如图7-2-5 聚拢的点产生结实的效果）。点的连续排列可以形成虚线，点的密集排列可以形成虚面与虚体。当点与点之间的距离越小，就越接近线和面的特性。有点构成的虚线、虚面、虚体，虽没有实线、实面、实体那样具体、结实和厚重的感觉，但虚线、虚面、虚体所具有的空灵、韵律、关联的特殊感也是实线、实面、实体所不具备的。点的构成，可由于点的大小、点的亮度和点之间的距离不同而产生多样性的变化，并因此产生不同的效果。同样大小、同样亮度及等距离排列的点，会给人秩序井然、规整划一的感觉，但相对显得单调、呆板。不同大小、不等距离排列的点，能产生三维空间的效果。不同亮度、重叠排列的点，会产生层次丰富，富有立体感的效果。点虽然是造型上最小的视觉单位，但因为点具有凝聚视线的特征，所以往往成为关系到整体造型的重要因素。

图7-2-3 点的排列形成线的造型　　　图7-2-4 点的排列产生面的效果　　　图7-2-5 聚拢的点产生结实的效果

三、点的空间变化

在立体构成中，点是一种表达空间位置的视觉单位，不管它的大小、厚度、形状怎样，只要它同周围其他形态相比具有凝聚视线和表达空间位置的特性，是最小的视觉单位，我们就可以称之为"点"。也就是说，点的概念不是绝对的，因为在立体构成中，不可能存在真正几何学意义上的点，而只能是一种相对的比较。如你和蚂蚁在一起时是一个"体"，而当你和一座楼房比较时，就是一个"点"了。因为点在视觉感受中具有凝聚视线的特性，所以"点"的造型很容易导致我们的视觉集中在它身上，如夜晚大海上的灯塔、暗室中的一盏灯、黑夜中的萤火虫、服装上美丽的饰扣等，都会吸引我们的视线。如果两个同样性质的点同时存在与视野中，我们的视线就会往返于两点之间，形成一段心理上无形的线，如果有三点之间往返，从心理上虚构的三角形，如果有无数个同样性质的点存在，就会在心理上形成虚面的感觉，如夜空中的银河。

单点具有向心的紧张性，人的视线集中在这个点上，容易成为人的视觉中心（如图7-2-6 单独的点容易成为视觉中心）。而广布的点构成会分散人的视线，形成一定的动感，同时产生一定的空间进深感，加强空间变化，起到扩大空间的效果（如图7-2-7 多点的排列产生空间效果）。

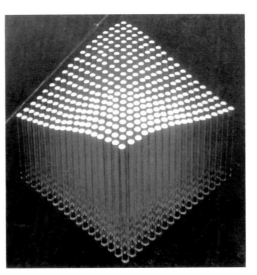

图7-2-6 单独的点容易成为视觉中心　　　图7-2-7 多点的排列产生空间效果

四、点元素在服装中的应用

点在服装上是不可缺少的构成要素，点的体积虽然小，却蕴涵着强劲的潜在力量。在服装造型中，凡是显著的小体积都可以看成是点，比如纽扣、衣领、袖口、胸花、首饰等小的形体。点的大小、位置、形态、排列方式以及聚散的变化，体现在服装图案、饰品、辅料的应用上，产生了丰富的服装构成样式。在实际的设计当中，利用点作为造型要素来强调服装的某一部分，能够吸引视线，起到画龙点睛的作用。点元素在服装上的应用可以分为三大类：辅料类、饰品类、工艺类。

1. 辅料类

纽扣、珠片、线迹、绳头等辅料都属于点的应用。它们具有一定的功能性同时还具有一定的装饰性。如图7-2-8所示为扣子的等量、等距排列。如图7-2-9所示裙摆以钉缝珠片的方式做了大量的点的堆积，成为设计的中心环节。如图7-2-10所示点的多方向排列形成面的效果。

图7-2-8 扣子　　　　　　图7-2-9 珠片　　　　　　图7-2-10 徽章

2. 配饰类

耳环、戒指、胸针、丝巾扣、手套等，都属于饰品类。相对于服装整体效果而言，服装上较小的饰品都可以理解为点的要素（如图7-2-11 戒指、耳环，图7-2-12 手套，图7-2-13 体积小的帽子）。

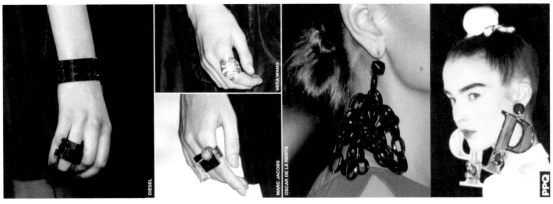

图7-2-11 戒指、耳环

图7-2-12 手套　　　　　　　　　　图7-2-13 体积小的帽子

3. 工艺类

刺绣、钉缝、装饰花等都属于工艺类点的要素。比如通过镶边、局部拼缝、腰带、蝴蝶结等体现点元素的构成。有助于服装产生不同的格调。在图7-2-14衣身上圆形图案的规则排列，在图7-2-15服装整体装饰图案的自由排列中，点元素规则、非规则的排列成为视觉的中心。在图7-2-16半立体装饰，图7-2-17立体花饰，图7-2-18立体点元素的堆积产生体积感中，半立体、立体花饰作为点元素以渐变、发射、堆积的形式出现在服装上，产生了一定的韵律美感。

图7-2-14
衣身上圆形
图案的规则
排列　　图7-2-15　服装
　　整体装饰图案的
　　自由排列　　图7-2-16　半
立体装饰　　图7-2-17　立体
花饰　　图7-2-18　立体点元素的堆
积产生体积感

第三节　服装立体构成的造型要素——线元素

一、线的概念

　　立体构成中将几何学上二次的无实际质的线，扩展到三次元的有实际质的体来表现。线是构成空间立体的基础，线的不同组合方式，可以构成千变万化的空间形态（如图7-3-1线的排列形成面的造型，图7-3-2线的组合形成体的造型）。

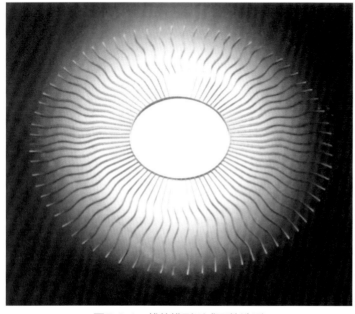

图7-3-1　线的排列形成面的造型

图7-3-2　线的组合形成体的造型

二、线的分类

线从形态上可以分为直线和曲线两大类。

1. 直线

直线具有一定的男性特征，给人冷漠、严肃、紧张而锐利的感觉。直线又分为水平线、垂直线和斜线。直线易使人的视觉产生疲劳感，但用直线构建的形态更容易让人感知。

与平面构成中直线的表情相同，水平线有横向扩张感，能表达平稳、安定、广阔无边的感觉（如图7-3-3水平线表达安定、平稳的感觉）。垂直线是与地平面相交的直线，显示出一种强烈的上升与下落的力度和强度，表达严肃、高耸、挺拔的感觉（如图7-3-4垂直线给人以挺拔、高耸的感觉）。斜线是直线形态中动感最强烈的、最有活力的线型，充满运动感和速度感，同时给人以不安定的感觉（如图7-3-5斜线充满活力）。

图7-3-3　水平线表达安定、平稳的感觉

图7-3-4　垂直线给人以挺拔、高耸的感觉

图7-3-5　斜线充满活力

2. 曲线

曲线形体具有女性特征，能表达优雅、柔和、优美的旋律美感。曲线分为几何曲线和自由曲线。几何曲线主要包括圆、椭圆、抛物线等，能表达美满、丰富、现代和明快的感觉（如图7-3-6人为而成的几何曲线，图7-3-7自然界中的几何曲线）；自由曲线指的是在自然界中自然形成或者我们徒手独立完成的线，它是一种优美的、大气的、自然简洁的线型（如图7-3-8自由曲线优美、大气，图7-3-9自由曲线简洁、婉约）。从服装设计的角度来说，曲线是最具有美感的线条。从剪裁弧度、装饰线形、配饰曲线以及服装轮廓等方面，曲线最能体现服装的柔美、婉约和女性气质。

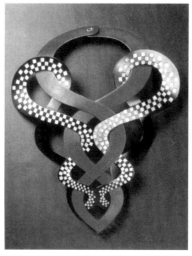

图7-3-6　人为而成的几何曲线

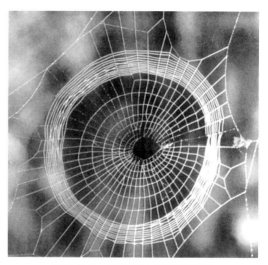

图7-3-7　自然界中的几何曲线

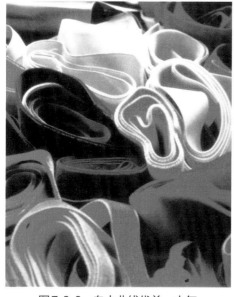

图7-3-8　自由曲线优美、大气

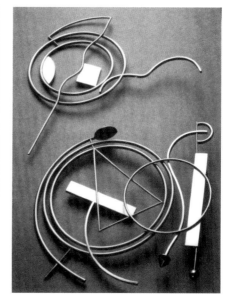

图7-3-9　自由曲线简洁、婉约

三、线材的构成形式及方法

1. 线材的排列

　　线材按照一定的路线排列组合，会产生一个有空隙的面。同时，由线材与线材之间的空隙大小、宽窄、厚薄、远近等所产生的空间虚实对比关系，可造成空间的流动感和节奏感（如图7-3-10 线材排列具有一定流动感和节奏感）。在线材构成中，线材的排列很重要，它的不同排列组合关系到所呈现出的不同形态带给人的不同心理感受。例如相等的空隙给人整齐的节奏，但缺少变化；有条理的宽窄或方向变化会产生韵律深度感和方向感（如图7-3-11 方向变化的线材排列）。线材的排列路线可以是直的、曲的，也可以逐渐改变方向。线材的前后排列形成空间纵深效果，创造一种深远感觉。其排列路线的形式有重复、渐变、发射等。

图7-3-10　线材排列具有一定流动感和节奏感　　图7-3-11　方向变化的线材排列

（1）重复线材构成　重复线材构成是将线材有规律、有秩序地重复组合排列。线材的重复构成还能够组合成面或体的形态。（如图7-3-12 重复线材构成的隔断）

（2）渐变线材构成　渐变线材构成是将线材循序变化的秩序构成。特点是多条线材形成统一感，又有循序变化所造成的节奏与韵律感。在渐变过程中应当注意统一与变化的关系，相邻的线材之间相同的因素应当大于变化因素，使它们在统一中具有循序变化的视觉特性。（如图7-3-13 方向渐变线材的灯具）

（3）发射线材构成　发射线材构成是具有发射中心的特殊方向渐变的线材构成。采用一点或多点发射，或者同时伴随着旋转的空间组合方式。发射的中心往往能够成为视觉的中心。（如图7-3-14 发射线材构成的灯具）

图7-3-12　重复线材构成的隔断　　图7-3-13　方向渐变线材的灯具　　图7-3-14　发射线材构成的灯具

2．硬线材的构成

硬线材是具有一定硬度的线材。构成形式主要有连续构成、垒积构成、线层结构、框架结构四种。

（1）连续构成　连续构成即硬质线材以连续线做自由或限定的构成。如：很多首饰设计就属于由一根硬线材制成的连续构成（如图7-3-15 硬质线材连续构成的胸针，图7-3-16硬质线材连续构成的戒指）。

（2）垒积构成　垒积构成是把硬线材料一层层堆积起来，相互间没有固定的连接点，可以任意改变立体的构成。如图7-3-17所示，条带式凉鞋的设计就应用了垒积构成。

（3）线层结构　线层结构是将硬线材沿一定方向，按层次有序列排列而成的、具有不同节奏和韵律的空间立体形态。（如图7-3-18 线层发射、旋转构成）

（4）框架结构　框架结构是以同样粗细单位线材，通过粘接、焊接、铆接等方式结合成框架基本形，再以此框架为基础进行的空间组合（如图7-3-19 硬线材框架结构构成在首饰设计中的应用）。

图7-3-15　硬质线材连续构成的胸针　　图7-3-16　硬质线材连续构成的戒指　　图7-3-17　垒积构成的条带式凉鞋

图7-3-18　线层发射、旋转构成　　　　图7-3-19　硬线材框架结构构成在首饰设计中的应用

3．软线材的构成

一般情况下，软线构成的立体看似轻巧，却有较强的紧张感。软线材构成常用硬线材作为引拉软线的基体，即框架。构成框架的硬线材我们称之为导线。软线材构成包括线群结构、线织面结构、自垂结构、编结结构四种形式。

（1）线群结构　线群结构是指用软线按照一定的秩序在导线上做排列。互相平行的导线，或者在同一平面上的导线，只能产生具备二维特征的互相连接的线，只有当导线互相不平行或者不在同一平面时，才能获得三维立体效果。（如图7-3-20 曲线框架的线群结构）

（2）线织面结构　线织面结构是服装中最显著的线织面，即是通过一系列相互串联的线圈织成的针织物。根据所用线材的质地、粗细不同，针织物的表现也不同（如图7-3-21具有厚重感的针织物，图7-3-22相同纱线不同肌理的针织物）。针织物的这种组织构成广泛用于毛衫、针织内外衣、T恤衫、袖口、裤边、手套、袜子等服装服饰。

（3）自垂结构　自垂结构是将平面板材剪成一定形状，再以硬性材料做以支撑的构成形式。自垂构成表现的是一种自由和流畅的感觉（如图7-3-23 流苏在服装中的整体运用，图7-3-24 流苏在服装底摆的运用）。

（4）编结结构　编结结构的最大特点是不必用硬材做引拉基体。生活中的编绳、船业编结、绒线编织、室内线饰、发辫装饰都属编结结构。编结最基本的接法有平结、"十"字结等。其他结是在这两种节的基础上变化发展而来的（如图7-3-25 平结、梅花结、万字结、纽扣结）。

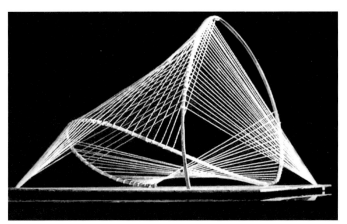

图7-3-20　曲线框架的线群结构　　　图7-3-21　具有厚重感的针织物　　图7-3-22　相同纱线不同肌理的针织物

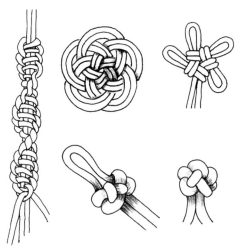

图7-3-23　流苏在服装中的整体运用　　图7-3-24　流苏在服装底摆的运用　　图7-3-25　平结、梅花结、万字结、纽扣结（纽袢、纽扣）

四、线元素在服装中的应用

线在服装中运用非常广泛，根据作用可分为轮廓线、结构线、分割线、装饰线等。线的运动可以产生丰富的变化和视错感，比如我们可以通过分割线强调比例，还可通过排列的线条而产生平衡。在服装的造型上，服装的轮廓线、衣褶、省道都体现了线的特征。我们在进行服装设计时，通过线的反复、交叉、放射、扭转和渐变等构成形式，表现出服装流动、起伏的空间关系以及疏密、虚实、变化的美感形式。线元素在现代服装上主要通过造型线、工艺手法和服饰品来表现。

1. 造型线

造型线包括服装的轮廓线、结构线、装饰线和分割线等。线在服装上是普遍存在的，服装的轮廓就是由肩线、腰线和侧缝线组合而成的。是服装中典型的线构成形式。如图7-3-26、图7-3-27所示，合体的服装为了贴合人体曲线，结构线是必不可少的。如图7-3-28～图7-3-30所示，装饰分割线的应用可以产生丰富的变化和视错感，使服装更加立体并且起到修身的效果。如图7-3-31、图7-3-32所示，在领口、袖口及裙边的装饰体现了线的造型要素。

| 图7-3-26 | 图7-3-27 | 图7-3-28 |

图7-3-29

图7-3-30

图7-3-31 领口装饰体
现造型线

图7-3-32 袖口、
裙边装饰体现造型线

2. 工艺手法

运用嵌线、绣花、镶边、折叠、拼镶等工艺手法以线的形式出现在服装上，往往成为服装的特色设计。比如中国的旗袍就十分注重镶边、嵌线的使用。如图7-3-33所示，以刺绣和镶边的形式将线元素使用在礼服裙的裙身和裙摆上。图7-3-34～图7-3-36所示为通过直线与曲线的折叠丰富了服装的整体形态。如图7-3-37～图7-3-39所示，通过嵌线和堆积褶裥的方式增加了服装的设计感。在图7-3-40、图7-3-41中，按线的排列方向钉缝的几何图案，其装饰性成为设计的视觉中心。在图7-3-42中，上衣通过拉链的排列，进行了造型上的分割。

图7-3-33

图7-3-34

图7-3-35

图7-3-36

图7-3-37   图7-3-38   图7-3-39

图7-3-40   图7-3-41   图7-3-42

3．配饰

配饰主要包括项链、手链、腰带、围巾、包带、鞋带等（如图7-3-43 配饰）。这里的线元素往往不是单独存在的，是与服装的面元素交叉或者呼应，补充了服装原有的造型。比如普通的连衣裙上系一条腰带，块面被分割了，层次感也增强了；冬天穿上厚重的羽绒服，人们就会搭配颜色俏丽的围巾等，都是这个道理。

图7-3-43　配饰

第四节　服装立体构成的造型要素——面元素

一、面的概念

几何学上的面是线的移动轨迹。只具有位置、长度和宽度，而无厚度。立体构成中的面，是相对于三维立体而言的，具有二维（长和宽）特征比较明显的、薄的形体。其厚度与长宽的相差很大，否则就变成了体。面从空间形态上可分为直面（如图7-4-1直面形体）与曲面（如图7-4-2曲面形体）两种形态，直面与曲面又包括规则形和不规则形两种形式。服装设计中最为常用的方法就是通过面材（面料）之间的对接、转折、层叠、交错等而形成的层次美感。

图7-4-1　直面形体

图7-4-2　曲面形体

二、面的分类

1. 规则面的基本形式

规则面的基本形式有圆形、方形、三角形等。圆形体的造型饱满、均匀，能表现运动、柔美、和谐的效果；方形能表达严肃、明确和稳定的感觉；三角形则呈现简洁、不安定以及动态的状态。比如，规则的面使服装造型简洁大气、格调高雅别致（如图7-4-3 规则的面的拼接，图7-4-4 规则的面的排列）。

图7-4-3　规则的面的拼接

图7-4-4　规则的面的排列

2. 不规则面的基本形式

不规则面的基本形式包括任意形和偶然形。任意形体自由、随意，体现的是洒脱、自如的情感；偶然形具有偶然性和不定性，富有自然魅力和人情味，会带给人一种意想不到的情趣美感。比如，不规则的面使服装造型独特另类、风格时尚前卫（如图7-4-5 不规则的面在服装中的使用）。

三、面材的形态

面材构成所表现的形态特征，具有平薄感和扩延感。在二围空间上增加一个深度空间，便可形成空间的立体造型。面材要包括直线面、几何曲线面和自由曲线面。服装正是以织物为面材，经过剪裁加工后，构成立体空间造型（如图7-4-6 服装面料即是组成服装的面材）。服装织物的形态多种多样，织物的形态、风格等方面都会影响着服装的风格。

图7-4-5　不规则的面在服装中的使用

图7-4-6　服装面料即是组成服装的面材

1. 按织物的组织形式分

（1）机织物　机织物是相互垂直的经纬纱按一定的织物组织相互交织而成的织物（如图7-4-7）。

（2）针织物　针织物是将纱线弯成线圈，再把先后两行的线圈相互穿套而成（如图7-4-8）。

（3）非织造织物　非织造织物是不用传统的纺纱、机织或针织的工艺过程，而是以纺织纤维网（或纱线层）经过粘合、熔合或其他机械加工方法而成。如人造皮毛、黏合衬等（如图7-4-9）。

（4）天然的裘皮和皮革　经过鞣制后的动物毛皮称为裘皮或皮草，而把经过加工处理的光面或绒面皮板称为皮革（如图7-4-10、图7-4-11）。

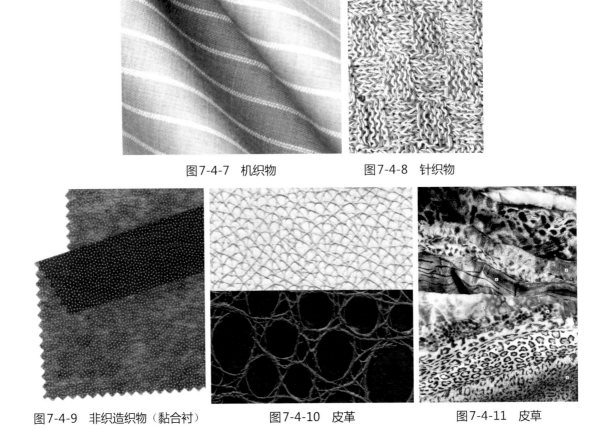

图7-4-7　机织物　　　　　　　图7-4-8　针织物

图7-4-9　非织造织物（黏合衬）　　　图7-4-10　皮革　　　　　图7-4-11　皮草

2. 按织物的成分分

（1）天然纤维织物　天然纤维织物主要有棉、麻、丝、毛等。

（2）化学纤维织物　化学纤维织物主要有人造纤维织物及合成纤维织物，其中人造纤维织物主要是粘胶纤维、醋酯纤维等；合成纤维织物主要有涤纶、锦纶、腈纶、氨纶等。

3. 按织物的肌理质地分

（1）挺括坚固的织物　挺括坚固的织物如毛织物、皮革、涂层织物等，给人硬朗、沉重、严肃、庄重的感受（如图7-4-12）。

（2）柔软飘逸的织物　柔软飘逸的织物如棉、纱、丝绸、锦缎等，有浪漫、温柔、轻盈的美感（如图7-4-13）。

（3）反光、闪光的织物　反光、闪光的织物如人造丝、涤纶闪光织物等，给人以高贵、奢华、富丽堂皇的感受（如图7-4-14）。

（4）透明、镂空的织物　透明、镂空的织物如乔其纱、蕾丝、巴厘纱等，给人以朦胧、浪漫、神秘的感受（如图7-4-15～图7-4-17）。

（5）弹性的织物　弹性的织物如含莱卡的织物及针织物等。弹性织物具有舒适性强、伸缩性强的特征（如图7-4-18）。

图7-4-12　　　　　　　　图7-4-13　　　　　　　　图7-4-14

图7-4-15　　　　图7-4-16　　　　图7-4-17　　　　图7-4-18

四、面材的构成形式

1. 接连构成

接连构成就是将面材裁出所需形状，相互连接。大多数的服装都是由接连构成来完成的，如衬衫就是由前衣片、后衣片、袖子、领子几块面材缝合而成。服装、服饰的接连构成分为正面接连构成（如图7-4-19）与背面接连构成（如图7-4-20）。

2. 层面排列构成

层面排列构成是将若干块面材按比例有次序地排列组合成一个形态。面材的基本形可以是直面，也可以弯曲或曲折。可选用发射、渐变、重复等手法表现。如服装上的层面堆积排列（如图7-4-21）、褶皱或首饰形态。

3. 多面体构成

多面体构成是由多个片状正多边形通过各自相邻边相衔接而成，片状正多边形的边数可以是三边、四边、五边等六种。

图7-4-19　缝份在表面　　　　图7-4-20　缝份在里面　　　　图7-4-21　层面排列在服装中的应用

4. 柱体构成

柱体构成是将面材折曲或弯曲，然后再将折面的边缘接连在一起，便形成上下贯通的筒形结构。柱体包括圆柱、圆台和棱柱。柱体构成在服装中的表现为袖管、裤管和裙子等（如图7-4-22、图7-4-23）。

5. 切割翻转

当我们丢弃一张废纸时，会随手将纸一揉，那不经意的瞬间便创造了立体。其原因是纸的形态发生了方向上的转折。如果纸面出现裂缝，立体的空间扩展则更大。由此启发我们运用所掌握的构成原理，加以适当的切割，创造出面材的立体造型。就像塑料发卡，经切割翻卷后便形成了优美的造型。那么服装中的面料也可通过切割翻转来改变形态。

6. 带状构成

带状构成是将面材卷曲、翻转，形成有连续曲面的立体。将狭长的纸带的两端扭转180度后粘接起来，就成为一个奇妙的环，称为迈比乌斯环。它的奇妙在于创造了一种矛盾的空间：表面相连，两端各自封闭，却是一条不结扣的连续曲线。更奇妙的是，如果把带子从中间沿边的平行线剪开，得到的新环仍是闭锁的，并且是不结扣的一条连续曲线。（如图7-4-24、图7-4-25服装中的带状构成）

图7-4-22　柱体构成的裙子　　7-4-23　三宅一生的柱体构成　图7-4-24　服装中的带状构成　图7-4-25　服装中的带状构成

五、面元素在服装中的应用

面的造型构成是在服装立体形上利用面形材料，以重复、渐变、扭曲、面层等构成形式，使服装立体具有虚实量感和空间层次感。面的造型构成首先体现为面料裁片，裁片是构建服装整体的主体材料，决定着服装的风格和特点。其次表现在围巾、披肩、包袋、夸大的领子、大帽子等配饰上。对于整体服装来讲，面的造型构成能够起到与服装上的零部件相呼应和丰富服装造型的作用。主要体现在以下几个部分：

1. 服装裁片（如图7-4-26 服装裁片是面材的主要形式，图7-4-27 多层次的面的造型风格感极强）
2. 服装零部件

服装上的零部件如贴袋、领子、装饰花等都是面的造型，还有一些装饰性的披肩、袒领或者大贴袋等。局部的面造型与服装整体相协调时，通过形状、色彩、材质以及比例的变化，会形成不同的视觉效果，是对服装整体造型的补充和丰富。如图7-4-28所示领线的拉长形成了宽大的领子，图7-4-29中多层的领子形成了独特的造型，图7-3-30中披肩式的领子显示了十足的个性。裙体的层面装饰、衣摆的装饰花也是面的造型（如图7-4-31片形的裙体装饰，图7-4-32裙摆片面的造型，图7-4-33花饰强调面元素的表现）。

图7-4-26　服装裁片是面材的主要形式

图7-4-27　多层次的面的造型风格感极强

图7-4-28　领线的拉长形成了宽大的领子　　图7-4-29　多层的领子造型独特　　图7-4-30　披肩式的领子个性十足

图7-4-31 片形的裙体装饰 　　图7-4-32 裙摆面的造型 　　图7-4-33 花饰强调面元素的表现

3．配饰

在服装中，面造型中的服饰品主要包括披肩式围巾、装饰性扁平的包或者夸大的腰带等。前面我们说过，相对于服装整体搭配而言帽子可以当做点或者体的要素，但是某些帽子也可以理解为面造型，如无顶遮阳帽、帽檐或者帽围面积较大的帽子等（如图7-4-34以面为主要造型要素的帽子，图7-4-35当腰带扣的面积足够大）。

图7-4-34 以面为主要造型要素的帽子 　　图7-4-35 当腰带扣的面积足够大

4. 工艺手法

用工艺手法产生面造型主要有两种方式：一是对面料的部分进行再创造（如图7-4-36面元素的二次再造，7-4-37通过面料再造形成独特的面的造型），如三宅一生的服装经常运用工艺手法，创造出了非常有特色的面料；二是在面料上缝上珠片、绳带等，经过排列组合而形成面（如图7-4-38钉缝大面积珠片，如7-4-39钉缝线绳）。

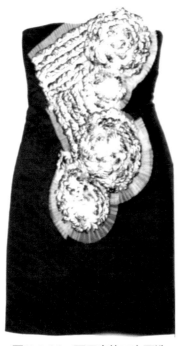
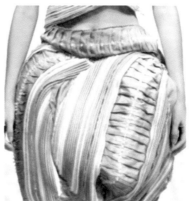

图7-4-36　面元素的二次再造　　　　图7-4-37　通过面料再造形成独特的面的造型

图7-4-38　钉缝大面积珠片　　　　　　图7-4-39　钉缝线绳

第五节　服装立体构成的造型要素——体元素

一、体的概念

　　"体"在几何学上被定义为"面的移动轨迹"。几何学上的"体"具有位置、长度、宽度、厚度，但无重量。立体构成中的"体"是三次元空间，无形中就占有实质的空间，具有体积、容量、重量特征，无论从哪个角度都可以从视觉上感知它的客体性，使人产生强烈的空间感。"体"可分为规则体和不规则体。规则体有正方体、锥体、柱体、球体，具有稳重、端庄、永恒的视觉感受；不规则体在自然界中随处可见，具有亲切、自然、温情的感觉，如山石、卵石等。

二、体的分类

1. 几何体

　　几何体包括几何平面体（正三角锥体、正立方体、正常体和其他以几何面构成的多面立体）和几何曲面体（球体、圆环、圆柱等）。几何平面体具有大方、庄重、稳定、恢宏的特点。比如埃及金字塔的造型矗立在广袤无垠的沙漠上，给人稳定、持久和醒目的感觉；几何曲面体的特征是秩序感强、圆滑，能表达一种优雅、肃穆而又端庄的美感。（如图7-5-1几何直面体，图7-5-2几何曲面体）

图7-5-1　几何直面体

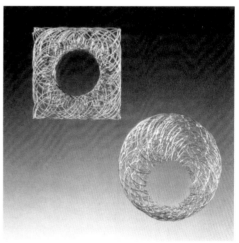

图7-5-2　几何曲面体

2. 自由体

　　自由体包含的范围很广，如有机体是物体由于受到自然力的作用和物体内部抵抗力的抗衡而形成的，具有柔和、流畅、平滑、圆润的曲面体，他们大多反映的是朴实而自然的形态，如图7-5-3所示，河边朴实而自然的鹅卵石。自然界中最具有美感的复杂有机体为人体，其流畅的曲线和柔和的曲面，最富有弹性和活力（如图7-5-4流畅柔和的人体）。

图7-5-3 朴实而自然的鹅卵石　　　　　图7-5-4 流畅柔和的人体

3. 半立体

有一类造型设计，像建筑贴面材料、壁挂等，是以平面为根基，在上面进行立体化的表现。由于它是一种介于平面和立体之间的造型形式，所以称之为"半立体"。它与立体造型有两点不同：一是观看角度及视点不同。立体的造型必须考虑空间任何角度，使其任何角度都有一定的美感；半立体则只有一个观看的角度，即正前面。二是尺度观念不同。立体造型在高、宽、深的尺度上，是按照相应正常比例尺度进行造型的；而半立体必须按照相应的正常尺度进行比例的缩短，这种比例的缩短主要体现于深度的塑造上。

半立体在浮雕和纤维艺术中表现得淋漓尽致，它主要利用层次感和高低凸凹的变化，并充分利用光影作用造成起伏错落、阴阳虚实的效果（如图7-5-5 纸材的半立体构成，图7-5-6 面料的半立体构成）。

图7-5-5 纸材的半立体构成

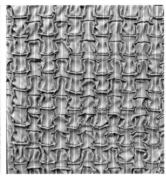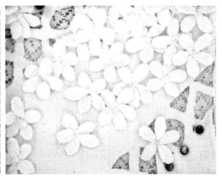

图7-5-6　面料的半立体构成

三、体块的构成形式

块形材料是一种封闭的量形材料，其材料特质是厚重，有较强的体量感，没有线材或面材那么明快轻盈。但是块材构成能够有效地、直观地表现造型的立体特性。块材的材料源很多，例如石块、金属、塑料物、木料、砖头、玻璃制品等。其主要构成形式如下。

1. 切割构成

块体切割是指对整块形体进行多种形式的分割，从而产生各种形态。切割的基本手法是切、挖、雕刻等，其实质是"减"，切割构成在首饰设计中应用广泛。切割包括几何式切割和自由式切割两种切割形式。

（1）几何式切割　几何式切割的特点主要表现在切割形式上强调数理秩序。切割方式包括：水平切割、垂直切割、倾斜切割、曲面切割、曲直综合切割等分切割和等比切割。

（2）自由式切割　自由式切割是完全凭感觉去切割，使原本单调的整块形体发生变化，并产生生命力的一种形式。如正方体稳定、单纯，但由于在方向上没有特别的体面，造成四平八稳的静止状态。为了打破这种静止状态，就要在单纯的形体上去创造出一种动态，这种动态是一种个性强烈、充满情感的造型。

2. 块体积聚构成

块体积聚构成在服装、服饰品中的应用较多，例如在首饰设计中，往往有很多款式都是由各式各样的钻石、珍珠、玛瑙等体块材料积聚在一起构成的（如图7-5-7首饰中的体块积聚构成）。这种构成方法分为重复性、相似形的积聚和对比形的积聚两种形式。

（1）重复性、相似形的积聚　重复性、相似形的积聚中可采用相同单位形体组合，即组成空间形态的单位形体都是相同或相似的，并通过不同的连接方式、不同的位置变化构成不同的空间感觉（如图7-5-7首饰中的相似形体块积聚构成）。

（2）对比形的积聚　对比形的积聚是指组成空间形态的单位形态是不同的。它可以是在形体切割的基础上进行重新组合而构成新的空间形态，也可以是相近或相似的单位形体的组合。这种方法很自由，以视觉平衡为判断标准，主要强调对比因素，对比因素包括形状、大小、多少、动静、方向、疏密、粗细、轻重等。对比形的积聚应注意整体的协调性与统一性（如图7-5-8首饰中的对比形体块积聚构成）。

图7-5-7　首饰中的相似形体块积聚构成　　图7-5-8　首饰中的对比形体块积聚构成

四、体元素在服装中的应用

在服装中，体的造型感是指服装衣身的体积感强，有较大的零部件明显突出整体，或者局部的处理凹凸感明显的服装。体的造型方式使服装显得很有分量，在服装设计中是通过衣身、零部件和服饰品来表现的。比如利用翻转、剪裁、系扎、缝纫等方式，将面料进行层叠、堆积、打褶，或者使用裙撑、填料、撑垫物作为造型辅助，形成服装整体效果。主要体现在以下三方面。

1. 衣身

如图7-5-9所示，利用面料的堆积塑造整体服装造型，图7-5-10中外衣面料采用堆积与捆绑，图7-5-11中，大量面料的层次递进造就了衣身造型；如图7-5-12中，通过放松裙摆围度体现裙体的立体效果，在图7-5-13中，通过裙摆围度放松体现体积感；在图7-5-14中，利用毛皮本身的特性，增加服装的体积感。

图7-5-9　面料的堆积　　图7-5-10　面料的堆积与捆绑　　图7-5-11　大量面料的层次递进

图7-5-12　裙摆围度的放松体　图7-5-13　裙摆围度放松体现体积感　图7-5-14　毛皮自身的体积感
　　　　现立体效果

2. 零部件

　　突出于整体的较大的零部件，也会有非常强烈的体积感。如图7-5-15所示，手臂以及肩部的仿生装饰物具有较强的体积感，在图7-5-16中，蝴蝶装饰的立体效果很明显；在图7-5-17中，撑垫肩部强调了服装的T形轮廓效果；在图7-5-18中，裙摆堆积的立体褶裥增强了服装的体积感。

图7-5-15　仿生装饰物体积感极强　图7-5-16　蝴蝶装饰立体效果明显　图7-5-17　撑　图7-5-18　裙摆的
　　　　　　　　　　　　　　　　　　　　　　　　　　　　　垫肩部立体造型　立体装饰增强服装体
　　　　　　　　　　　　　　　　　　　　　　　　　　　　　　　　　　　积感

3. 配饰

　　体造型明显的配饰一般包括大型的且立体感比较强的包袋、帽子、首饰等（如图7-5-19体积大的包袋，图7-5-20夸张轮廓的帽子，图7-5-21立体造型突出的发卡，图7-5-22造型感极强的头饰）。

图7-5-19　体积大的包袋

图7-5-20　夸张轮廓的帽子

图7-5-21　立体造型突出的发卡

图7-5-22　造型感极强的头饰

小结

　　服装设计是以人体为依托，以面料为主要素材的构成艺术。构成要素有点材、线材、面材和体块。点、线、面、体之间相互关联，不可分割。点移动成线，线移动成面，面移动成体，它们之间有时还相互转化，互为补充。这些要素通过分割、组合、积聚等多种形式变化出丰富的服装造型。在服装设计过程中判断一件服装作品是以点为主，还是以线为主，要看点、线、面、体在整体服装中所占的比例，不能生搬硬套概念，否则只会造成设计作品的死板僵化。

　　现代服装更注重符合人体的功能性和适穿性，服装造型设计更加强调空间意识，无论是材料附着人体后的整体形象，还是材料本身进行二次再造以及装饰品的设计等，都离不开点、线、面、体四大元素在空间中的组合运用。

思考与练习

1. 服装立体构成的核心内容是什么？
2. 立体的方向与立体视图的关系？
3. 分析研究服装设计大师作品中的点、线、面元素的组合运用。

第八章　立体构成的形式与方法

本章要点

● 立体构成的美学原则；
● 服装立体构成的造型表现。

第一节　立体构成的美学原则

一、对比

1. 对比的概念

所谓对比是在设计作品时，将相悖、相异的因素组合起来，使各因素之间的对立达到可以接纳的限度。比如将粗和细、大和小等相互矛盾的元素并置。对比是一切艺术品的生命所在，强烈的对比可以使服装设计作品更加富有个性和活力。但对比要讲究一定的形式美感，否则过于强烈而缺乏统一，就会感觉杂乱无章、没有主题和重点。因此一定要在统一的前提下追求对比的变化。

2. 对比的形式

（1）造型对比　造型对比是指在服装构成中，造型元素在服装轮廓或者结构细节设计中形成的对比，这种对比既可以出现在单件服装中，也可以出现在系列服装中。造型元素排列的疏密，简洁与繁复的装饰造型之间都可以形成对比（如图8-1-1简洁造型与繁复装饰造型的对比）。

（2）材质对比　材料是立体构成的物质基础，各种不同材料都具有各不相同的外观特征和手感。比如木材的朴实自然、织物的柔软舒适、钢材的坚硬沉重等。材质对比主要是指在服装设计上，运用性能和风格差异较大的面料来形成对比关系，这种对比无论在视觉上还是触觉上都有一定的刺激感。如光泽与暗哑（绸缎与牛仔）、粗犷与细腻（麻与纯棉）、厚与薄（灯芯绒与雪纺）的对比等（如图8-1-2装饰性强的材质与简洁材质的对比）。

图8-1-1 简洁造型与繁复装饰造型的对比　　图8-1-2 装饰性强的材质与简洁材质的对比

3. 对比在服装构成中的运用

对比运用在服装设计中，可以起到强化设计的作用。比如线与面的造型的对比、服装轮廓的宽松和紧身的对比、外衣的夸张与内衬的简洁的对比、服装造型的繁缛与简约的对比、服饰品的夸张复杂和的服装整体风格的简洁的对比、针织服装和梭织服装材质的对比、材质的透明与不透明的对比等（如图8-1-3上装与下装在造型、比例上的对比，图8-1-4服装中材质的对比）。

图8-1-3 上装与下装在造　　　　图8-1-4 服装中材质的对比
　　　　型、比例上的对比

二、统一

1. 统一的概念

统一是指调和整体与个体的关系，通过调整，使设计作品整体更具有和谐的美感。在服装构成中可以通过统一面料、统一造型、统一色彩等方法形成服装的整体美感。

统一给人单纯、整齐的感觉。但只有统一而无变化，人们会由于精神和心理上缺乏刺激，先前的美感会逐渐消失。因此对比与统一是相辅相成的。做到统一中有变化，变化中求统一。

2. 统一的形式

（1）造型统一　造型统一是指在立体构成中，各个组成部分的形体之间要具有一定的联系，相互起到配合作用，使整体协调（如图8-1-5造型统一的书架、图8-1-6 德国天鹅堡的造型具备造型统一的特征）。

（2）材质统一　材质统一是指在同一立体形态中，增强应用材质的同一因素，或应用近似质地的材料组合在一起，使整体和谐（如图8-1-7 材质统一突出肌理感）。

（3）装饰图案统一　装饰图案统一是指在立体构成中，根据立体形态的造型需要，各部位应用相同或相似的装饰图案，使装饰风格统一（如图8-1-8 装饰图案统一的彩陶）。

3. 统一在服装构成中的应用

服装上的统一是指从宏观角度进行服装整体设计，形成整体风格的统一。如上下装造型的统一；通过镂空和剪切的手法使服装面料肌理达到视觉上的统一；内外服装装饰图案的统一；上下服装装饰褶裥的呼应与统一；服装领口与袖口装饰的统一等（图8-1-9 造型统一的服装、图8-1-10 装饰图案统一的服装）。

图8-1-5　造型统一的书架

图8-1-6　德国天鹅堡的造型具备造型统一的特征

图8-1-7 材质统一突出肌理感（作者：王志强） 图8-1-8 装饰图案统一的彩陶

图8-1-9 造型统一的服装 图8-1-10 装饰图案统一的服装

三、韵律

1. 韵律的概念

韵律原本是音乐中的概念，在造型设计中，是指造型要素在大小、形状、色彩上做强弱起伏、抑扬顿挫的变化，人们的视线随着造型要素的牵动而产生的动感和变化。

2. 韵律的形式

韵律带有一定的感情色彩，韵律包括重复韵律、渐变韵律、交错韵律、起伏韵律四种表现形式。

（1）重复韵律　重复韵律是指在立体构成中，色、型、材质等要素做有规律的重复表现，具有强调的特征。无论什么情况，只要一个组成部分被重复，其作用正如节奏中的拍子，每一拍都加强了前一拍的表达情绪。虽然重复韵律可以创造视觉连贯性和加强视觉效果，但是任何一成不变的重复，都会使人产生厌烦、无聊的感觉，因此在服装重复韵律的设计中，要注意适当的变化，才能达到整体的视觉美感（如图8-1-11重复韵律的木材框架、图8-1-12重复韵律的服装面料）。

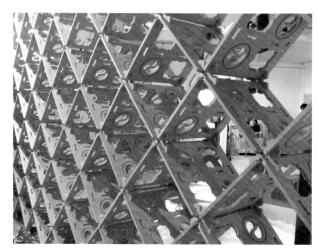 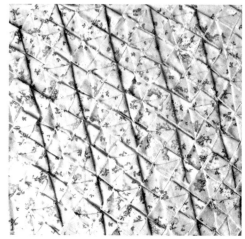

图8-1-11　重复韵律的木材框架　　　　图8-1-12　重复韵律的服装面料（作者：武志玄）

（2）渐变韵律　渐变韵律是指在立体构成中，造型要素按照一定的规律进行渐次的发展变化。一般常见的渐变韵律形式，有形态大小的渐变，形态方向的渐变，形态位置的渐变，形态薄厚的渐变等。这种渐变能体现出某种连续或跟进的顺序，使构成具有运动感和节奏感（如图8-1-13珠绣的疏密渐变韵律）。

（3）交错韵律　交错韵律是指在立体构成中，各造型要素按照一定规律条理地做交错、相向旋转等变化。这种韵律产生的动感比上述韵律要强，运用好能产生活泼生动的效果（如图8-1-14两种材质的交错韵律）。

（4）起伏韵律　起伏韵律是指在立体构成中，各造型要素做高低、大小、虚实的起伏变化。这种韵律能使人产生波澜起伏的荡漾之感（如图8-1-15起伏韵律的立体形态）。

3. 韵律在服装构成中的应用

在服装设计中，可以运用分割、发射、渐变、群化等表现方式强调服装的韵律感。如增加裙体的层次、线条（装饰线、拉链、流苏等）的排列、装饰物的群化；立体化的层次递进、图案的反复出现作为服装边缘装饰、纽扣的群化现象、面元素整齐地排列；服装上的叠领、褶边、服装裁片的层层重叠；不同面料的多层拼贴与重叠等（如图8-1-16裙摆的重复韵律、8-1-17具有起伏韵律的叠领、8-1-18色彩渐变韵律、图8-1-19服装局部的起伏韵律、图8-1-20服装整体的交错韵律）。

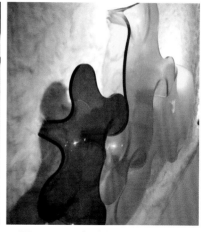

图8-1-13　珠绣的疏密渐变韵律（作者：王琴琼）　　图8-1-14　两种材质的交错韵律　　图8-1-15　起伏韵律的立体形态

图8-1-16　裙摆的重复韵律　　图8-1-17　具有起伏韵律的叠领　　图8-1-18　色彩渐变韵律　　图8-1-19　服装局部的起伏韵律　　图8-1-20　服装整体的交错韵律

四、平衡

1. 平衡的概念

在视觉艺术中的均衡形式中，中心轴两边的分量是相当的。可以是相等也可以是相近的，分量完全相等的称为规则均衡，分量相近的称为不规则均衡。在服装构成中，平衡是指服装的各个基本因素之间形成既对立又统一的空间关系，在视觉上和心理上给人一种安全感和平稳感。

2. 平衡的形式

（1）对称　对称也称为规则均衡，即中心轴两侧的元素为等形、等量（如图8-1-21对称的室内空间格局）。由于人体本身属于相对对称的形体，因此在服装设计中，对称的形式应用比较普遍。对称性比较强的服装如中山装、制服（军队、公安等制服）等（如图8-1-22对称性较强的西装）。

图8-1-21 对称的室内空间格局

图8-1-22 对称性较强的西装

（2）均衡 均衡也称为非正式平衡或者非对称平衡，是指将形态之间的组合保持一种视觉上的平衡，而这种平衡不是物理概念上的，更多的是视觉心理上的。在立体形态中，处理好形态的虚与实、部分与部分之间的各种关系，是获得均衡效果的关键（如图8-1-23整体造型均衡的雕塑）。

3. 平衡在服装中的使用

在服装设计中运用对称或均衡时，都必须把握造型、数量、比例等组成要素的均衡和协调关系（如图8-1-24左右对称的上衣、图8-1-25不对称但整体均衡的礼服）。

优秀学生设计作品赏析（以立体构成美学原则为表现核心的习作，如图8-1-26～图8-1-31）

图8-1-23 整体造型均衡的雕塑

图8-1-24 左右对称的上衣

图8-1-25 不对称但整体均衡的礼服

图8-1-26 造型对比（作者：李茜）

图8-1-27 装饰图案统一（作者：贾毓菲）

图8-1-28 渐变韵律（作者：杨国珍）

图8-1-29 对称与均衡（作者：刘欢）

图8-1-30 材质统一（作者：徐蕾）

图8-1-31 装饰图案统一

第二节　服装立体构成的造型表现

一、整体感

服装设计最终的视觉效果应该是完整而和谐的。这种和谐的整体感可以通过运用造型设计方法、色彩图案设计方法、材质设计方法以及服饰搭配技巧来实现。比如通过添加裙摆饰物、袖口装饰、T恤的半立体图案装饰等加法设计（如图8-2-1单一色礼服上半部装饰金属贴片，强调整体美感），增加头饰、帽子、包袋、袜子、围巾等服装配饰（如图8-2-2包与整体服装色彩统一，具有整体感）等方法来强调服装的整体美感。

二、层次感

层次感是指立体形态在主次、远近、大小、前后等方面形成透视关系。层次感是服装设计的重要表现层面之一，也是体现服装立体效果的重要手段。服装的层次感可以通过点、线、面、体元素的突出与强调、内衣和外衣面料的对比、上装与下装长度比例的对比等方法实现（如图8-2-3层次感较强的创意装、图8-2-4内衣与外衣面料对比形成层次感）

图8-2-1　单一色礼服上半部装
饰金属贴片，强调整体美感

图8-2-2　包的色彩强调服装整体美感

图8-2-3　层次感较强的创意装　　　图8-2-4　内衣与
外衣面料对比形成
层次感

三、立体感

在现代的服装设计中，设计师经常通过撑垫、堆积、层叠、扭曲、装饰图案等方法创造出很多造型感极强的立体服装造型。独特的服装造型能够迅速抓住观者的视线，体现服装的个性美感，增强服装的整体视觉效果。如高级女装、婚纱、概念服装在设计过程中，经常在裙摆、领、袖子、肩部采用夸张的造型，以"限定空间"的方式营造空间立体效果如图8-2-5所示为袖子夸张的立体造型。在图8-2-6中夸张的堆褶裙摆内衬中配以视觉感极强的青花瓷刺绣图案，增加了服装的立体效果，在视觉上具有一定的感染力和冲击力。在图8-2-7中，夸张了上衣领部的造型。

图8-2-5　袖子夸张的立体造型　　　图8-2-6　裙摆夸张的立体造型　　　图8-2-7　夸张上衣领部的造型

四、肌理感

肌理设计对立体造型具有重要意义,它能丰富立体形态的表情,使形态产生超越视觉范围的效果。肌理感在服装设计中是以面料为载体,除了突出面料本身的视觉肌理外,还可以通过抽缝、褶裥、贴缝、堆积、刺绣、染织、破坏、镂空、扭曲等方法表现面料的触觉肌理。表现在服装上,肌理感可以是整体也可以是局部,增强服装的原创性及观赏性(如图8-2-8 服装背部流苏形成的肌理设计、图8-2-9 肩部的肌理设计、图8-2-10 服装整体的肌理设计)。

优秀学生设计作品(以立体造型表现为核心的习作,如图8-2-11 ~图8-2-18)

图8-2-8　服装背部流苏形成的肌理设计　　图8-2-9　肩部的肌理设计　　图8-2-10　服装整体的肌理设计

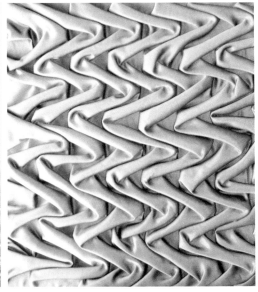

图8-2-11　(作者:崔琳琳)　　　　　　图8-2-12(作者:项群)

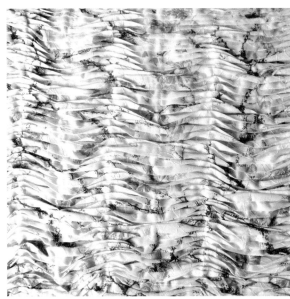

图8-2-13 （作者：黄蕾）

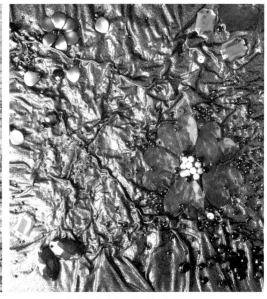

图8-2-14（作者：阴美玲）

图8-2-15 （作者：王琴琼）

图8-2-16（作者：高佳蕾）

图8-2-17（作者：姚一凡）

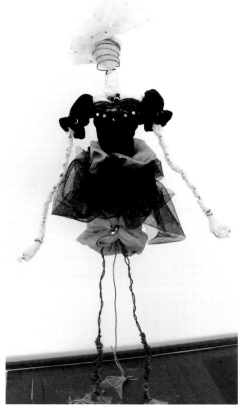

图8-2-18

小结

　　对于服装设计来说，立体构成是将各种形式因素（点、线、面、体、肌理和材质）组合在一起并遵循美学原则而形成的整体的视觉效果。设计重心为点材、线材、面材、体块的具体应用形式及应用方法，在不同风格的服装系列设计中，其体现的设计重点有所不同，旨在应用丰富多样的表现手法处理服装面料、色彩和造型三者之间的关系。

　　学习和认识立体构成的形式与方法，对于服装设计具有相当重要的指导作用。需要注意的是，在追求美感的同时还不能忽视服装的实用性。

思考与练习

1. 搜集有代表性的品牌服装图片，并根据立体构成的美学原则对服装形态进行分析。

2. 根据统一与对比的美学原则，进行服装设计练习。

3. 设计一系列四套服装，充分体现整体感、层次感、立体感和肌理感，风格不限。

第九章 立体构成要素在服装设计中的综合应用

本章要点

● 立体构成要素在服装立体裁剪中的应用；

● 立体构成要素在配饰设计中的应用；

● 立体构成要素在品牌服装中的应用。

立体构成方法在服装艺术设计中的应用极其广泛。具体表现在面料设计、服装造型设计、首饰设计、服饰配件设计、发型设计等方面。随着服装工业的不断发展，造型丰富、品种繁多的服装设计产品为服装立体造型艺术的发展提供了更多的创作条件和更广阔的创作空间。下面是立体构成要素在面料再造、服装立体构成作品、服装立体裁剪、服饰配件和品牌服装等方面的具体应用案例。

一、立体构成要素在面料再造中的应用（如图9-1～图9-5）

二、立体构成要素在服装立体构成作品中的应用（如图9-6～图9-11）

图9-1 线材缠绕构成的点出现在服装面料设计中

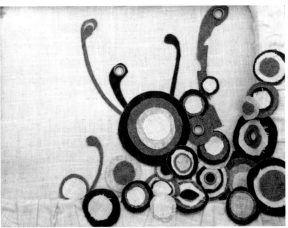

图9-2 小面积的面材在面料设计中充当了点

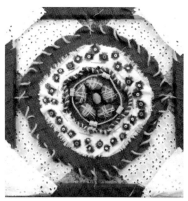

图9-3 叶子造型在面料设计中充 图9-4 点的叠加构成的面料设计 图9-5 点、面的综合构成
当点

图9-6 以线材为主的服装立体构成 图9-7 以线、面为主的服 图9-8 以点、线、面为主的服装立
（作者：谢坤） 装立体构成（作者：阿茹娜） 体构成（作者：马延姝等）

图9-9 点、线、面综合应 图9-10 以线、面为主的 图9-11 点、线、面综合应用的服装立体构
用的服装立体构成 服装立体构成 成（作者：斯敏）

三、立体构成要素在服装立体裁剪中的应用（如图9-12～图9-15）

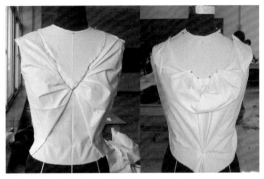

图9-12　以面料为素材，通过打褶、分割的手法做出线、面综合应用的服装立体构成

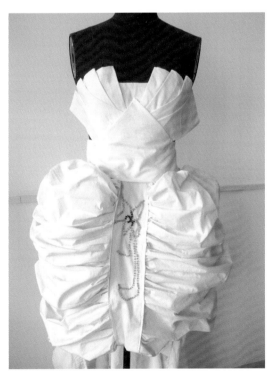

图9-13　用抽褶、折叠、拼接的手法做出的线、面结合的服装立体构成（作者：姚一凡等）

图9-14 用抽褶、折叠、拼接的手法做出的点、线、面综合应用的服装立体构成（作者：赵妍等）

图9-15 用抽褶、折叠、堆积、拼接等手法做出的点、线、面综合应用的服装立体构成

四、立体构成要素在配饰设计中的应用（如图9-16～图9-20）

图9-16 点、线综合应用的构成

图9-17 鞋后跟处立体面加强了空间立体感

图9-18 点的堆积、积聚构成在帽子中的应用

图9-19 不同材质的点、线、面综合构成在配饰设计中的应用

图9-20 线、面综合构成在发型及配饰设计中的应用

五、立体构成要素在品牌服装中的应用（如图9-21～图9-42）

图9-21 体量感的肩部设计与裙子镂空黑色花纹相呼应，表现出重与轻、实与虚的对比

图9-22 折叠方法增加了面料的立体感

图9-23 粗线条的应用充分表现出科幻与未来感

图9-24 线的编制构成创造出简约独特的网状服装

图9-25 大波浪的裙摆塑造出立体空间的服装造型

图9-26 袖子和裙摆处充分体现了服装的立体造型

图9-27　有弹力的面料围绕于人体之
上成为勾勒人体立体造型的最好方式

图9-28　肩部的飞燕造型诠释了服装
的古典建筑之美

图9-29　餐具为服装
增添了肌理感和趣味性

图9-30　立体花的造型给服装
增加了丰富的肌理效果

图9-31　多层次的裙摆塑造出造型丰富
的服装

图9-32　肩部线的堆积构成是
点睛之笔

图9-33　线构成在服装中的应用

图9-34　袖子的褶皱设计增加了服装的空间感

图9-35 点的排列在服装中的应用

图9-36 点堆积构成在服装中的应用

图9-37　镂空圆点的设计增加了整体立体感

图9-38　头饰和肩部设计为线立体构成的设计

图9-39　镂空的花纹是面立体构成的设计手法

图9-40　红色滚边设计勾勒出服装的立体造型

图9-41　多层次面料堆积塑造出丰富的造型　　　　图9-42　层面排列构成丰富的立体造型

小结

在服装设计中，立体构成的要素及构成形式和构成方法无处不在，无论是服装、配件、首饰等，它们都是依附在人体之上并构成了一个完整的立体形态。也就是说，服装设计本身就是立体造型的设计。整个服装设计的过程是一个将点、线、面、体分割到组合、组合到分割的过程。在三维空间中将点材、线材、面材、体块这些立体造型要素按照一定的美学法则，组合成符合人体结构、款式丰富、富于个性、适应市场需求的立体形态的服装，是从事服装设计人员所必须要掌握的。

在设计过程中，我们应从服装的整体感出发，但又要突出重点。一件服装是以点为主的设计还是以线为主的设计，是以突出材料质地为主的设计还是以着重突出体量感为主的设计，在设计之初，设计者就要做到心中有数。另外，我们应注意，服装是为人体服务的，任何服装造型的设计都必须注重功能性，只有功能性与装饰性有机统一才能创造出完美的服装作品。

思考与练习

1. 立体构成要素在服装面料设计中是如何体现的？
2. 立体构成要素在品牌服饰设计中是如何体现的？
3. 运用点、线、面、体元素，在1∶500的人模上做服装立体构成的综合应用练习。

参考文献

[1]（韩）李好定著. 服装设计实务［M］. 刘国联等译. 北京：中国纺织出版社，2007.

[2]姜桦. 平面构成课题研究［M］. 沈阳：辽宁美术出版社，2006.

[3]赵殿泽. 构成艺术［M］. 沈阳：辽宁美术出版社，1989.

[4]（日）朝仓直巳著. 艺术设计的平面构成［M］. 吕清夫译. 上海：上海人民美术出版
社，1991.

［5］吴晓兵. 平面构成［M］. 合肥：安徽美术出版社，2006.

[6]毛溪. 平面构成［M］. 上海：上海人民美术出版社，2006.

[7]黄元庆，黄蔚. 色彩构成［M］. 上海：中国纺织大学出版社，2000.

[8]赵国志. 色彩构成［M］. 沈阳：辽宁美术出版社，1994.

[9]崔唯，谭活能. 色彩构成［M］. 北京：中国纺织出版社，2003.

[10]黄元庆等. 色彩构成［M］. 上海：东华大学出版社，2006.

[11]韩慧君. 服装色彩设计［M］. 重庆：西南师范大学出版社，2002.

[12]程悦杰. 服装色彩创意设计［M］. 上海：东华大学出版社，2007.

[13]李莉婷. 服装色彩设计［M］. 北京：中国纺织出版社，2000.

[14]于炜. 服装色彩应用［M］. 上海：上海交通大学出版社，2003.

[15]郑军、刘沙予. 服装色彩［M］. 北京：化学工业出版社，2007.

[16]王小月. 服装生命［M］. 上海：上海科技教育出版社，2004.

[17]王蕴强. 服装色彩学［M］. 北京：中国纺织出版社，2006.

[18]庞绮. 服装色彩基础［M］. 北京：北京工艺美术出版社，2002.

[19]朱介英. 色彩学［M］. 北京：中国青年出版社，2004.

[20]王小月. 服装个性［M］. 上海：上海科技教育出版社，2004.

[21]刘宝岳. 立体构成设计［M］. 北京：中国建筑工业出版社，2006.

[22]徐苏，徐雪漫. 服装设计基础［M］. 北京：高等教育出版社，2007.

[23]许之敏. 立体构成［M］. 北京：中国轻工业出版社，2003.

[24]姜桦. 立体构成课题研究［M］. 沈阳：辽宁美术出版社，2005.

[25]梁惠娥. 服装面料艺术再造［M］. 北京：中国纺织出版社，2008.

[26]许之敏. 立体构成［M］. 北京：中国轻工业出版社，2001.

[27]国际流行公报［J］. 北京嘉钟广告有限公司，2008.

[28]服装设计师杂志［J］. 北京：服装设计师杂志社，2008～2009.